Andrea Schmidt & Gunter Mattes

Flyball

Fitness, Training und mehr

Müller Rüschlikon

Impressum

Reihengestaltung: Petra Pawletko
Einbandgestaltung: Kornelia Erlewein

Titelbild: Winston Lue©www.fotolia.com
Die Bilder in diesem Buch wurden erstellt von:
Annette Brunner, Joachim Schmidt, Thomas Stroick, Karin Niepoth und Gunter Mattes.
Bilder im Kolumnentitel: Beate Schwarz, http://fotografie.com-werkstatt

Die in diesem Buch enthaltenen Hinweise und Ratschläge beruhen auf jahrelang gemachten Erfahrungen und gesammelten Erkenntnissen in praktischer und theoretischer Arbeit mit Hunden. Alle Angaben wurden gründlich geprüft. Eine Haftung der Autoren oder des Verlages und seiner Beauftragten für Personen-, Tier-, Sach- und Vermögensschäden ist ausgeschlossen.

ISBN 978-3-275-01912-0

Postfach 103743, 70032 Stuttgart
Ein Unternehmen der Paul Pietsch Verlage GmbH & Co. KG
Lizenznehmer der Bucheli Verlags AG, Baarerstr. 43, CH-6304 Zug
1. Auflage 2013

Sie finden uns im Internet unter **www.mueller-rueschlikon-verlag.de**

Lektorat: Claudia König
Innengestaltung: Petra Pawletko
Druck und Bindung: Druckerei Paul Schürrle, 70599 Stuttgart
Printed in Germany

Inhalt

1 Einleitung

Seit einigen Jahren wird die Forderung nach einer adäquaten Beschäftigung für den Hund, die Erziehung und Spiel kombiniert, immer lauter. Wir sehen Flyball als eine sinnvolle Beschäftigung für den Hund. Dabei ist es wichtig die Anatomie und Physiologie des Hundes, aber auch seine Verhaltensweisen, zu kennen und den menschlichen Ehrgeiz zu kontrollieren. Es nützt dem Hund wenig, als Sportgerät missbraucht zu werden. Die Gesundheit des Hundes und der Spaß am Sport muss unserer Meinung nach immer im Vordergrund stehen. Nur so ist es möglich Spiel, Erziehung und Sport zu kombinieren. Flyball bietet die Chance, die Bindung zwischen Mensch und Hund sowie die Sozialkompetenz des Hundes und der Menschen zu fördern.

Flyball ist eine schnelle Mannschaftssportart, bei der vier Hunde nacheinander über vier Hürden zu einer Box laufen. In dieser Box ist ein Ball eingespannt. Der Hund löst mit den Pfoten oder der Schnauze einen Mechanismus an der Box aus, sodass der eingespannte Ball herausgeworfen wird. Er fängt den Ball und bringt ihn über die vier Hürden zurück zu seinem Hundeführer. Die Sportart wurde in den USA erfunden. Flyball ist sehr vielseitig, da es sowohl als Fun-, aber auch als Turniersport betrieben werden kann. Im Turnier treten dann zwei Mannschaften im Wettbewerb gegeneinander an.

Das vorliegende Buch befasst sich mit dem Flyballtraining vor allem für Einsteiger, aber auch für Fortgeschrittene – es soll als Leitfaden für alle Teamsportbegeisterte dienen. Dabei werden sowohl die theoretischen Hintergründe als auch die praktische Umsetzung des Flyball näher erläutert. Hierbei muss dem Leser klar sein, dass dem Anspruch auf Vollständigkeit nicht Genüge getan werden kann. Training ist kein statisches Konstrukt sondern vielmehr ein Prozess, der kontinuierlich weiterentwickelt werden muss.

Wir beleuchten den sportwissenschaftlichen Hintergrund von Training näher, gehen auf spezifisches Auf- und Abwärmtraining ein und erläutern anschließend die Grundlagen für das flyballspezifische Training. Anhand vieler praktischer Übungsbeispiele werden sowohl der Aufbau als auch die Umsetzung in Training und Wettkampf beschrieben. Im Vordergrund stehen dabei für uns immer die Gesundheit des Hundes und der Spaß am gemeinsamen Sporttreiben mit dem Hund und dem Menschen.

In Kapitel 2 betrachten wir die Trainingsgrundlagen aus sportwissenschaftlicher Sicht. Der Schwerpunkt liegt in der Trainingsdidaktik und Trainingsmethodik, sowie den Auswirkungen auf die Praxis. Dabei gehen wir auf konditionelle, koordinative und weitere Fähigkeiten ein und liefern eine Begründung für die Relevanz im Flyballsport. Neben dem vereinfachten Strukturmodell nach Weineck (2004) steht der Aufbau des Trainings in den verschiedenen Wettkampfphasen im Vordergrund.

In Kapitel 3 gehen wir kurz auf die Definition und die Auswirkungen von Stress bei Sporthunden ein. Weiterhin beschreiben wir einige Erkennungsmerkmale und Maßnahmen zur Stressreduzierung.

Beim Flyball fliegen nicht nur die Bälle ...

Kapitel 4 beschäftigt sich mit der Bedeutung des Auf- und Abwärmtrainings. Anhand konkreter Übungsbeispiele soll die Relevanz dieser wichtigen Trainingsphasen verdeutlicht werden.

In Kapitel 5 nennen wir therapeutische Maßnahmen und beschreiben sie kurz. Dabei liegt der Schwerpunkt auf den Maßnahmen, die in das Training eingebunden werden können. Es soll bewusst gemacht werden, wie wichtig die genaue Beobachtung und Kontrolle der Hunde ist, damit frühzeitig Beschwerden am Bewegungsapparat erkannt und professionelle Hilfe durch Tierarzt/Tierärztin beziehungsweise durch Fitness- und/oder Physiotherapeuten in Anspruch genommen werden können.

Kapitel 6 beinhaltet die Methoden zur Leistungssteuerung. Praktische Erfahrungen bei der Anwendung der verschiedenen Methoden stehen dabei im Vordergrund.

In Kapitel 7 gehen wir näher auf die Historie der Teamsportart und deren Entwicklung in Deutschland ein. Dabei möchten wir auch darauf hinweisen, dass Flyball eine ideale Sportart ist, die verschiedenen Ansprüchen und Voraussetzungen gerecht wird.

Kapitel 8 befasst sich mit den Voraussetzungen, die sowohl der Hund als auch der Mensch mitbringen muss, um Flyball erfolgreich zu trainieren. Dabei gehen wir außerdem kurz auf die verschiedenen Rassen, deren Größen und deren Veranlagung ein.

In Kapitel 9 beschreiben wir die Ausrüstung für Hund und Mensch, sowie den Parcours und die Maße.

Kapitel 10 umfasst viele praktische Übungen und Anregungen für das Training für Anfänger bis hin zu Fortgeschrittenen. Wir präsentieren Ihnen einen Auszug aus unserem Trainingsrepertoire und zeigen Ihnen, wie aus Ihrem Hund ein Flyballhund werden kann.

Kapitel 11 widmet sich dem Flyballsport als Leistungs- und Turniersport.

2 Grundlagen des Flyball- und Fitnesstrainings

Sportliches Training ist die »komplexe planmäßige und zielorientierte Einwirkung auf die sportliche Leistungsfähigkeit und Leistungsbereitschaft [...] mit dem Ziel, die Leistungsfähigkeit zu steigern bzw. zu stabilisieren.« (Schnabel, Harre, Krug (Hrsg.), S. 203)

Dabei müssen wir uns bewusst machen, dass das Training mit unterschiedlichen Zielsetzungen und auf unterschiedlichen Leistungsniveaus stattfindet.
Der Anfänger hat vermutlich zunächst das Ziel, seinen Hund vorauszuschicken, während der leistungsambitionierte Fortgeschrittene einen Sieg im Wettkampf beziehungsweise neue Rekorde anstrebt. Beide trainieren Flyball. Das Training unterscheidet sich jedoch sowohl qualitativ als auch quantitativ erheblich voneinander.

Wesentliche Bestandteile des Trainings sind die Planmäßigkeit, die Systematik, die Trainingsziele sowie die Trainingsinhalte und -methoden.

Bei der Festlegung der Trainingsziele sollten in allen Fällen, egal ob Anfänger, Fortgeschrittener oder Leistungsambitionierter, drei Bereiche beachtet werden:

1. Steigerung. Hierbei geht es um die Maximierung beziehungsweise die Optimierung der sportlichen Leistungsfähigkeit mit dem Ziel der erfolgreichen Wettkampfteilnahme.

2. Erhalt. Hierbei geht es um den Erhalt der sportlichen Leistungsfähigkeit auf einem bestimmten Niveau, mit dem Ziel das körperliche und gesundheitliche Wohlbefinden zu steigern.

3. Wiederherstellung. Hierbei geht es um die Wiederherstellung der sportlichen Leistungsfähigkeit, z. B. nach einer Verletzungspause mit dem Ziel der Rehabilitation.

Nur wer das Anforderungsprofil einer Sportart genau kennt, kann das üben und trainieren, worauf es ankommt.
Eine konkrete Hilfe bietet das vereinfachte Strukturmodell nach Weineck (2004). Es zeigt auf, dass sich die einzelnen Komponenten sportlicher Leistungsfähigkeit wie koordinative Fähigkeiten, Bewegungsfertigkeiten, taktisch-kognitive Fähigkeiten, soziale Fähigkeiten, konditionelle Fähigkeiten und Fertigkeiten, konstitutionelle und gesundheitliche Faktoren und psychische Fähigkeiten gegenseitig beeinflussen.
Dies bedeutet, dass ein Hund, der über unzureichende soziale Fähigkeiten verfügt, z. B. »Stänkern« am Zaun während des Wettbewerbs, konditionell oder psychisch weniger stark ist als ein Hund mit ausgeprägten sozialen Fähigkeiten.

Mehr und mehr Hundebesitzer treiben gezielt mit ihren Hunden Sport und nehmen mit ihnen an Wettkämpfen teil. Agility, Frisbee, Rettungshundestaffeln und Schlittenhunderennen sind neben Flyball nur einige Beispiele. Hierbei verbessern sich jährlich die Leistungen der Hunde auf Grund verschiedener Einflussfaktoren wie wachsende Erfahrungen, bessere Trainingsstätten, ärztliche Versorgung, Futter etc. (vgl. Zink, S. 109f).

Das Training der Hunde zielt dabei in der Regel nur auf die Ausbildung einer (Wettkampf-) Sportart ab. Ein Hund kann aber nur dann Höchstleistungen bringen, wenn die reine Ausbildung der Sportart nur einen Teil des Trainings einnimmt. Das Training muss in mehrere Phasen untergliedert werden. Wir Menschen trainieren seit vielen Jahren sehr erfolgreich auf diese Weise. Auf- und Abwärmphasen sind selbstverständlich geworden, Mental- und Ausgleichstraining sind heue die Stichworte erfolgreichen Trainings. Unsere Hunde hingegen belasten wir im Training meist mindestens so stark wie im Wettkampf – wir machen sie, und uns im Übrigen auch, regelrecht »heiß«. Hierbei tritt leider oft unsere, aber auch die Gesundheit unserer Hunde in den Hintergrund, das Verletzungsrisiko steigt.

Dies kann vermieden werden, wenn einige trainingswissenschaftliche, sportmedizinische und sportpsychologische Grundsätze verinnerlicht und umgesetzt werden: Aufwärmphasen gehören an den Anfang des Trainings sowie der jeweiligen Wettbewerbe im Wettkampf. Der Hauptteil wird der jeweiligen Wettkampfphase angepasst und hat immer einen anderen Schwerpunkt, z. B. sportartspezifische Ausbildung und Festigung von Bewegungsabläufen, Grundlagenausdauertraining, Ausgleichstraining, Mental-, Konzentrations- und Koordinationstraining. Abwärm- beziehungsweise Auslaufphasen gehören an das Ende des Trainings sowie an das Ende der Wettbewerbe beziehungsweise des Wettkampfes.

Auswirkungen auf die Praxis

Außerhalb der Wettkampfsaison sollte der Hund mindestens 15 Minuten pro Tag angemessen bewegt werden. Dabei ist zu beachten, dass alle Beutespiele wie Bällchen spielen, Stöckchen werfen oder Verfolgen Kraftübungen sind. Das Gleiche gilt für das Spiel mit anderen Hunden, das Herumbalgen und Springen.
Das Training im Wasser ist sehr effektiv. Es schont den Hund, da die Gelenke um bis zu 85 % entlastet werden, und spart Zeit. Zehn Minuten Training im Wasser, z. B. auf einem Unterwasserlaufband oder im See, entsprechen circa 20 Minuten Training an Land, da sich der Wasserwiderstand sehr positiv auswirkt. Achten Sie beim Training im Wasser darauf, dass Ihr Hund schwimmt beziehungsweise auf dem Unterwasserlaufband trainiert. Möchten Sie Ausdauer- und Krafttraining kombinieren, lassen Sie den Hund im Wasser einen Dummy o. Ä. apportieren.
Acht bis zehn Wochen vor dem Beginn der Wettkampfsaison sollten Sie das Ausdauertraining Ihres Hundes schrittweise auf mindestens 30 Minuten pro Tag erhöhen. Das Techniktraining, z. B. in einer Hundeschule oder in einem Verein, mindestens einmal pro Woche, dient der Kontrolle, der Technikschulung sowie der Wettkampfvorbereitung und der Leistungsoptimierung. Wir empfehlen außerhalb des Trainings auf dem Hundeplatz mindestens drei- bis fünfmaliges Training nach einem individuellen Trainingsplan.

3 Stress bei Sporthunden

»Stress ist ein charakteristisches Reaktionsmuster (Anpassungssyndrom), das Tiere und Menschen als Antwort auf erhöhte Beanspruchung zeigen.« (http://lexikon.meyers.de/meyers/Stress, letzter Zugriff 01/2010)
Nach Donald Broom »ist Stress dann zu erwarten, wenn die Anpassungsfähigkeit eines Tieres überfordert wird und daraufhin Gesundheit und/oder Fortpflanzung leiden.« (Gansloßer u.a., S. 90)

Auf den Flyballsport übertragen bedeutet das, dass besonders im Turnier jedem Hund Flexibilität und Charakterstärke abverlangt wird, »um mit [...] Veränderungen umgehen und dennoch Höchstleistungen vollbringen zu können.« (Zink, S. 210)
In der Literatur wird in der Regel Distress und Eustress unterschieden. Distress entsteht, wenn die physiologische Reaktionsbreite des Organismus überschritten wird und kann zur Beeinträchtigung des Immunsystems führen. Eustress hingegen ist die notwendige Aktivierung des Organismus in Form einer günstigen, gesundheitsfördernden Belastung.
Ob eine Situation als stressbeladen interpretiert und wie damit umgegangen wird, ist stark vom Hundetyp abhängig. Eine wichtige Rolle spielt weiterhin der Umgang des Menschen mit der Situation. Eine Untersuchung von Amanda Jones (2006) zeigte, dass bei Mensch-Hund-Teams, bei denen der Spaß am Sport und die gemeinsame Aktivität mit dem Hund im Vordergrund steht, beim Verlieren eines Turniers kaum hormonelle Veränderungen zu erkennen sind (vgl. Gansloßer u.a.).
Gansloßer weist im Zusammenhang mit einer weiteren Untersuchung darauf hin, dass »Kontrolle, Autorität oder Aggression im Umgang mit dem Hund [...] schon in kurzer Zeit den Cortisolspiegel [des Hundes] als Belastungsanzeichen [erhöht], wohingegen echtes und entspanntes Spiel zur Stressmilderung eingesetzt werden kann.« (Gansloßer u.a., S. 104)
Damit Sie die Anzeichen von Stress bei Ihrem Hund schnell erkennen können, ist es wichtig, dass Sie Ihren Hund in entspanntem Zustand beobachten.

Anzeichen

Müdigkeit, erhöhte Pulsfrequenz, vermehrtes Bellen, Konzentrationsstörungen, erhöhtes Auftreten von Verletzungen, plötzliches Verweigern.

Maßnahmen zur Stressreduzierung

Ermutigen Sie Ihren Hund und loben Sie ihn auch dann, wenn er einen Fehler gemacht hat bevor er zu Ihnen zurückkommt. Gestalten Sie das Training abwechslungsreich und vermeiden Sie Übertraining. Achten Sie auf das Gewicht Ihres Hundes und gewährleisten Sie eine regelmäßige Bewegung. Schaffen Sie Rituale vor Beginn des Trainings, die Sie auch im Wettkampf und vor den Wettbewerben einhalten können. Während des Wettkampfes sollten Sie Ihren Hund so oft wie möglich in einer Box ablegen.

4 Aufwärmen/Abwärmen

Eine Auf- und eine Abwärmphase sollte Bestandteil eines jeden Trainings und eines jeden Wettkampfes sein.

Funktion und Wirkung

Das Aufwärmen der Muskulatur, der Gelenke sowie des gesamten Bewegungsapparates dient der Verletzungsprophylaxe sowie der Vermeidung leistungsmindernder Erscheinungen wie z. B. frühzeitige Ermüdung. Das Reaktionsvermögen und die Konzentrationsfähigkeit werden verbessert, die Durchblutung angeregt. Durch die vermehrte Durchblutung der Kapillargefäße können Sauerstoff und energieliefernde Stoffe schneller transportiert, Kohlendioxid und andere Stoffwechselprodukte besser abtransportiert werden. Die Körpertemperatur steigt an und die Energiebereitstellungsmechanismen werden aktiviert. Die Muskulatur, die Sehnen, Bänder, Knorpel und Bandscheiben werden auf die nachfolgende Belastung schonend vorbereitet. Durch die damit verbundene Reduzierung der inneren Reibung wird die Verletzungsgefahr minimiert. Die Produktion der Gelenkflüssigkeit wird angeregt, die Reibung zwischen den Knorpelflächen wird geringer und der Knorpel dicker. Druckbelastungen, wie z. B. beim Landen nach der Hürde oder dem Auftreffen auf die Box, können besser abgefangen werden. Spannungszustände werden abgebaut, die Motivation erhöht und die optische Wahrnehmung verbessert.

Das Abwärmtraining sorgt für die Wiederherstellung des Gleichgewichts im Zentralen Nervensystem. Die durch das Training oder den Wettkampf/die Wettbewerbe entstandene Anspannung nimmt ab. Die Herzfrequenz, der Blutdruck, die Atmung und die Temperatur kehren wieder in die Normallage zurück. Die Lockerung der beanspruchten Muskulatur fördert den Abbau von Stoffwechselendprodukten. Auslaufphasen bauen Stress ab und bieten die Chance für Ausgleichsübungen.

Umfang und Aufbau

Für das Auf- und Abwärmprogramm sollten Sie in der Regel jeweils mindestens 8–12 Minuten einplanen. Beachten Sie bitte dabei auch, dass Sie Ihren Hund vor den einzelnen Wettbewerben im Wettkampf kurz auf- und nach den Wettbewerben abwärmen. Vermeiden Sie dabei übertriebene Zug- und Zerrspiele, da diese Ihren Hund zu sehr anheizen. Mit Hilfe der nachfolgenden Übungen erhöhen Sie die Aufmerksamkeit des Hundes und fördern dessen Konzentrationsfähigkeit.

Übungen

Im Training

- Bein- und Rutenkreisen, Abstreichen der Gliedmaßen bis zum Boden, Kontakt zum Boden herstellen, Lockerungs-, Stabilisations- und Kräftigungsübungen.
- Langsam mit dem Hund eine Runde und Achter im Wechsel gehen. Bei der Runde gehen Sie bitte bewusst entgegen der Drehrichtung im Flyball.
- Ein Labyrinth/Hindernisse abschreiten, z. B. Stangen oder Seile auf dem Boden.

- Langsam und locker mit dem Hund eine Runde und Achter traben.
- Den Hund über Hindernisse/durch Slalomstangen führen. Hindernisse können z. B. Holzlatten, Stangen, kleine Hürden, Autoreifen, Wackelbrett, Minitrampolin, Sandbahn o. Ä. sein.

Im Wettkampf / zwischen den Wettbewerben

- Die Extremitäten ausgiebig ausstreichen.
- Leichte Massage, Lockerungsübungen.
- Slalom durch die Beine oder um ein anderes Hindernis.
- Langsam und locker mit dem Hund eine Runde und Achter traben.
- Den Hund über niedrige Hürden traben lassen.
- T-Shirt anziehen.
- Ausruhen in einer Box oder in einer Ruhezone.
- »Erden«, Abstreichen der Extremitäten bis zum Boden mit Bodenkontakt.

Nach dem Training und nach dem Wettkampf

- Lockeres Auslaufen.
- Kleine Schnüffelaufgaben.
- Übungen aus dem Aufwärmprogramm.
- Lockerungs- und Dehnungsübungen.
- Massage.

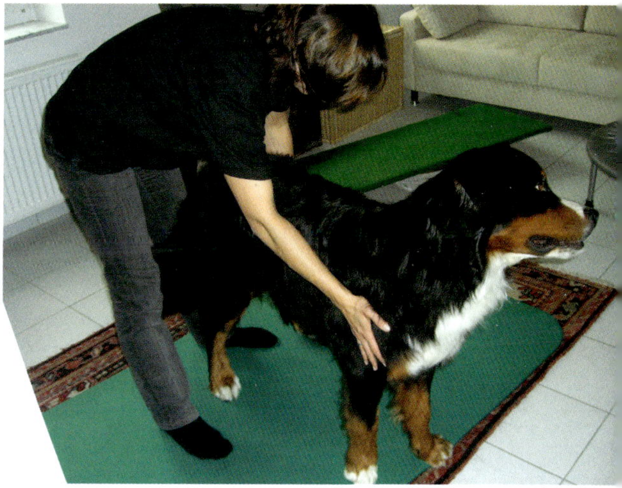

Streichen Sie die Extremitäten Ihres Hundes über die Diagonale ab, sodass er einen besseren Stand hat.

Koordinationsübung auf dem Wackelbrett: Durch das Wackelbrett wird nicht nur das Zusammenspiel zwischen den großen Muskelgruppen sondern auch innerhalb eines Muskels trainiert.

Massage und Ausstreichungen entschlacken und helfen die Stoffe, die während der muskulären Arbeit entstanden sind, schneller abzutransportieren. Zudem können eine sanfte Massage und sanfte Ausstreichungen Ihren Hund entspannen.

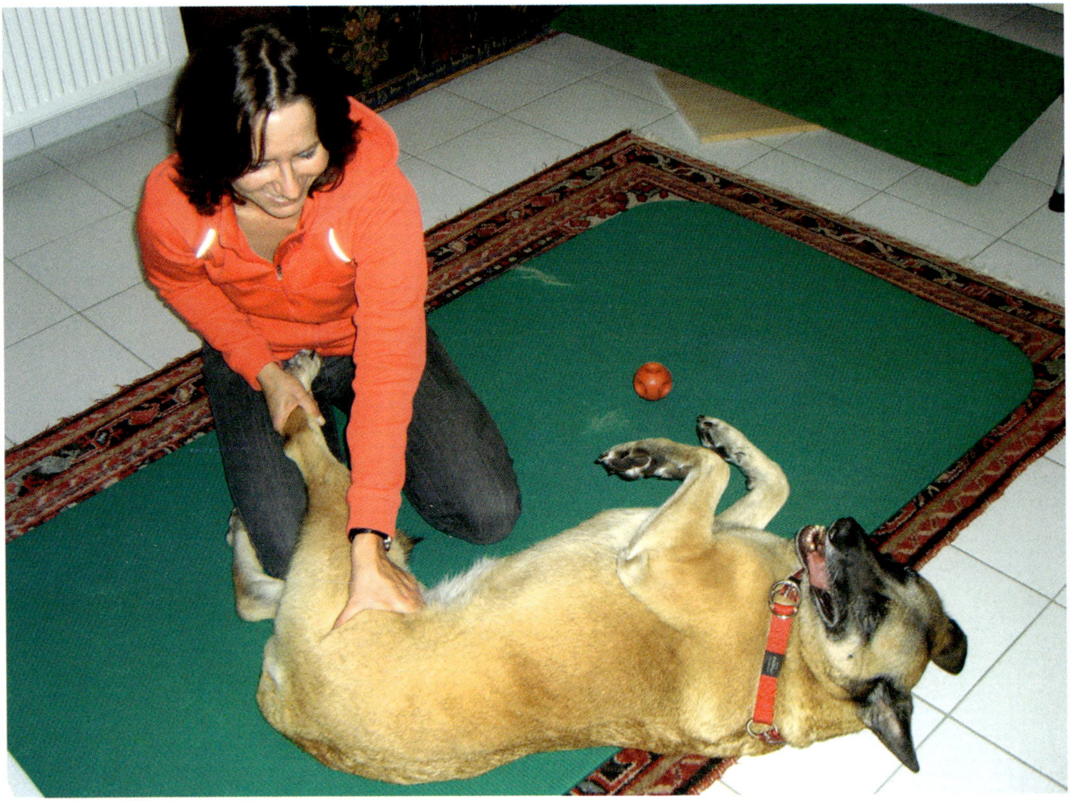

5 Therapeutische Maßnahmen

Therapeutische Maßnahmen können dem Hund eine Erleichterung verschaffen. Die Durchführung therapeutischer Maßnahmen beruhigt jedoch auch den Hundehalter.

Wichtig:

- Die therapeutischen Maßnahmen ersetzen nicht den Tierarztbesuch!

Grundlagen

Das Zusammenspiel von Statik, Dynamik und Balance ist die Grundlage der Bewegung. Der Bewegungsapparat des gesunden Hundes ist hoch leistungsfähig und belastbar. Der Schwerpunkt des Hundekörpers liegt näher bei den Vordergliedmaßen. Hebt der Hund den Kopf, verlagert sich der Schwerpunkt nach hinten. Kopf, Beine und Rute sind demnach am Gleichgewicht mitbeteiligt.

Methoden und Möglichkeiten

Durch Massage, Streichungen und sanfte Bewegungsübungen lockern Sie die Muskulatur Ihres Hundes und bereiten ihn auf die nachfolgende Belastung vor. Nach der Belastung helfen Sie Muskelkater, und damit kleinen Muskelfaserrissen, vorzubeugen. Alle Methoden dienen der Entspannung, Vorbereitung und Konzentration Ihres Hundes und lassen sich, unter professioneller Anleitung, leicht erlernen.

Fitness-Übungen

- **Stärkung der Hinterhandmuskulatur:**
  Gewicht ziehen
  Gleichgewichtsschulung und Stärkung der Rückenmuskulatur: Sitzen mit erhobenem Kopf, Sitzen oder Stehen auf dem Wackelbrett

- **Ausdauertraining:**
  Laufen am Fahrrad, Jogging, Langlauf, Schwimmen
  Balanceschulung, Stärkung der Rücken-, Bauch- und Hintergliedmaßenmuskulatur: Aufgerichtet auf den Hinterläufen gehen, Steh, Stehen auf dem Minitrampolin während der Hundeführer das Trampolin bewegt

- **Allgemeine Fitness:**
  Tricks

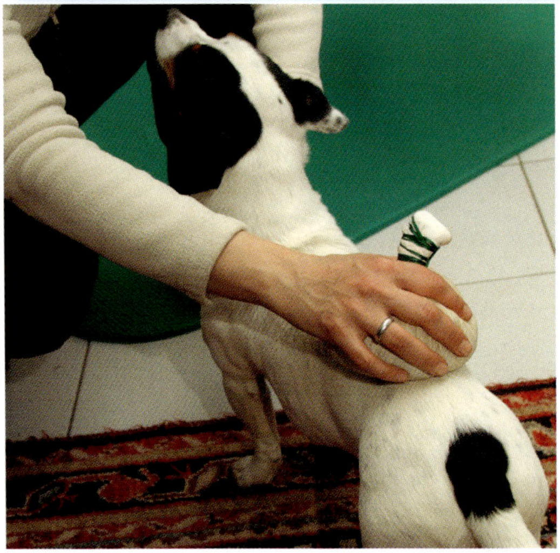

Kräuterstempel-Massage

6 Leistungssteuerung

Das sportliche Leistungsvermögen sollte mit dem Ziel der Verbesserung untersucht, beurteilt und dokumentiert werden. Der momentane Leistungszustand wird ermittelt und eine Trainingsoptimierung mit festgelegten, individuellen Trainingsbereichen durchgeführt.
Die wichtigsten Parameter sind die Herzfrequenz und die Laktatkonzentration.
Die Kontrolle der Trainingsintensität ist wichtig für den sportlichen Erfolg.

Methoden

Ausdauertraining führt zu einer niedrigeren Herzfrequenz. Die Trainingsherzfrequenz wird während der Belastung bestimmt.

➜ Wichtige Größen sind die maximale Herzfrequenz und die Erholungsherzfrequenz. Ein trainierter Körper erholt sich wesentlich schneller. Die Trainingsherzfrequenz ist von der Größe des Hundes, dem Lebensalter und der Dauer der Belastung abhängig.

Die Herzfrequenz beim Hund ist stark abhängig von der Körpergröße. Große Hunde haben eine niedrigere Frequenz als kleine. Dies hängt z. B. mit dem größeren Wärmeverlust bei kleinen Tieren, der größeren Körperoberfläche im Verhältnis zur Masse, und dem damit verbundenen höheren Stoffwechselumsatz zusammen. Zusätzlich spielen Alter, Gemütszustand, körperliche Konstitution, Rasse und Geschlecht eine Rolle.

Anhand der Herzfrequenz nach Belastungsende kann der Trainingszustand gut abgeschätzt werden. Je besser die Leistungsfähigkeit ist, umso schneller erholt sich das Herz-Kreislauf-System von der Belastung.

Wichtig:

➜ Angestaute Restermüdung oder Überforderung verzögern die Rückkehr der Herzfrequenz zum Ausgangswert.

Erfahrungen aus der Praxis

Das Messen der Herzfrequenz muss geübt werden. Am leichtesten kann der Puls an der großen Vene an der Oberschenkelinnenseite ertastet werden. Zu beachten ist, dass die Herzfrequenz beim Hund unregelmäßig ist. Dies wird als Arrhythmie bezeichnet und fordert beim Pulsmessen erhöhte Konzentration. Zur Feststellung des Ruhepulses sollte die Pulskontrolle über eine Woche in Ruhe, also wenn der Hund müde und entspannt ist, gemessen werden. Der Durchschnittswert ergibt den Ruhepuls. Die Pulskontrolle während der Belastung ist nur mit speziellen Geräten möglich. Diese messen die elektronischen Signale als Spannungsschwankungen an der Körperoberfläche des Hundes. In unserer Trainingspraxis hat es sich bewährt, den Belastungspuls unmittelbar nach der Turbine (auf den Aufbau und die Rolle der Turbine gehen wir in Kapitel 9 genauer ein) zu messen. Diese wiederholen wir fünfmal, sodass wir relativ verlässliche Werte bekommen.

Turbine.

Das Salz der Milchsäure, das sogenannte Laktat, ist das Endprodukt des anaeroben Stoffwechsels und entsteht auch beim Hund bei intensiver Muskelarbeit aus dem Abbau von Glukose. Die Laktatmessung ist mit speziellen Geräten, die ähnlich wie Blutzuckermessgeräte funktionieren, möglich und erfordert viel Erfahrung von Seiten des (Fitness-) Trainers oder Tierarztes. Die Laktatkonzentration wird im Kapilarblut aus der Ohrinnenseite nachgewiesen. Wir bekamen freundlicherweise zu Testzwecken ein solches Gerät für unsere Diagnostik zur Verfügung gestellt. Im Training ermittelten wir die Laktatkonzentration in Ruhe vor dem Training und unmittelbar nach der Turbine. Signifikante Unterschiede sind nur in aufwändigen Feldtests zu erlangen. Wir stellten aber fest, dass die Hunde, sowohl in Ruhe als auch nach der Belastung, sehr unterschiedliche Konzentrationen hatten, was sich mit dem unterschiedlichen Trainingszustand der Hunde deckte.

Grundsätzlich gibt es bei Hunden bislang wenig Erfahrungen mit der Laktatbestimmung beziehungsweise dem Einfluss der Laktatkonzentration im Hinblick auf eine Trainingsoptimierung.

Die aus der Leistungsdiagnostik gewonnenen Erkenntnisse können niemals auf das gesamte Hundeteam übertragen werden. Jeder Hund benötigt zusätzlich zum Teamtraining einen individuellen Trainingsplan, der ebenfalls die Konstitution des Hundeführers berücksichtigt.

Wettkampfphasen und Aufbau des Trainings in den einzelnen Wettkampfphasen

- **Vorbereitungsphase: Regeneration und Kompensation**
  - Unterstützung der Wiederherstellung
  - sehr niedrige Intensität (60–70 % der maximalen Herzfrequenz – HFmax)
  - unter 45 Minuten
  - Dauermethode (Geschwindigkeit der HF angepasst), z. B. mit dem Hund Joggen oder Fahrradfahren

- **Aufbauphase: Grundlagenausdauer I Training**
  - Stabilisierung und Entwicklung der Grundlagenausdauerfähigkeit
  - niedrige bis mittlere Intensität (70–85 % der HFmax)
  - über 45 Minuten
  - definierte Streckenabschnitte mit unterschiedlichen Geschwindigkeiten

- **Aufbauphase: Grundlagenausdauer II Training**
  - Entwicklung der Grundlagenausdauerfähigkeit
  - mittlere bis hohe Intensität (80–90 % der HFmax)
  - 20–50 Minuten
  - systematischer Wechsel von Belastungs- und Erholungsphasen

- **Wettkampfphase: Entwicklung der wettkampfspezifischen Ausdauerfähigkeit**
  - hohe bis sehr hohe Intensität (über 90 % der HFmax)
  - 10–30 Minuten
  - kürzere Belastungsstrecken, höhere bis sehr hohe Belastungsintensität, zwischen den Wiederholungen vollständig lohnende Pausen, Training unter Wettkampfbedingungen

7 Die Historie der Teamsportart Flyball

Flyball ist eine immer populärer werdende Hunde-Team-Sportart. Sie wurde Ende der 60er-, Anfang der 70er-Jahre in Südkalifornien entwickelt. Hunde liefen über einen Hürdenparcours an dessen Ende ein Helfer stand, der dem Hund zur Belohnung einen Ball zuwarf. Bald sollte eine Katapultbox entwickelt werden, die den Ball bis zu drei Meter herauswarf. Zwischen der Anfangszeit und den 80er-Jahren war es dann ziemlich ruhig um Flyball. Erst 1983 fanden die ersten Wettkämpfe statt. 1985 entstand in den USA das erste Regelwerk für die neue Sportart. Der Hürdenparcours wurde auf vier Hürden reduziert, die Schnelligkeit in den Vordergrund gerückt. Es entstand eine rasante Hundesportart in der die Hürdenhöhe der Größe der Hunde angepasst und die Mannschaften in Leistungsklassen (Divisionen) eingeteilt wurden.

In Europa wurde Flyball 1996 zunächst in Nordengland gespielt. Es folgten Belgien und die Niederlande. Damit die englischen Mannschaften in die Weltrangliste aufgenommen wurden, übernahmen sie zunächst das NAFA-Reglement. Später veröffentlichten sie ihr eigenes Reglement, das sich jedoch stark an dem NAFA-Reglement orientierte.

In Europa gibt es bislang kein einheitliches Regelwerk. Die Deutschen orientieren sich am Reglement der Belgier, das sich wiederum auch am NAFA-Reglement orientiert.
Die erste Europäische Meisterschaft (EFC) im Flyball wurde 1998 ausgetragen.
In Deutschland gehörten Günter Frechen und Gunter Mattes zu den ersten Trainern, die Flyball in ihren Hundevereinen anboten. Im August 2003 wurde das erste deutschsprachige Buch zu Flyball veröffentlicht, der Verband für das deutsche Hundewesen (VDH) veröffentlichte im Januar 2005 das deutsche Reglement, das bis heute mit seinen Änderungen gilt. Weiterhin gibt es Ergänzungen wie z.B. die Einführung der Seniorenregelung für ältere Flyballhunde, deren Umsetzung der jeweilige Veranstalter entscheidet. Die Flyballboxen wurden weiterentwickelt und die Schwimmerwende, deren Name aus der Wende im Brustschwimmen abgeleitet wurde, wird bis heute bevorzugt eingesetzt. Gründe für die Schwimmerwende nennen wir im Kapitel 10. Mittlerweile laufen fast alle Teams auf sogenannten Curvedboxen (vergleiche Kapitel 9: Flyballboxen). Der Einsatz des Elektronischen Jury Systems (EJS) führte auch in Deutschland zur weiteren Professionalisierung der Wettbewerbe.

Einer der ersten deutschen Wettbewerbe wurde 2001 in Dortmund veranstaltet. 2002 folgten der NRW-Cup mit den Austragungsorten Borken, Duisburg und Dortmund, 2003 der erste Gießen-Cup, 2004 die Hessen-Trophy mit den Veranstaltungsorten Gießen, Hungen und Wetzlar. 2005 fand zusätzlich die Europäische Flyball Meisterschaft in Borken, 2008 die erste deutsche Flyballmeisterschaft in Hungen statt.

Die Turnierszene in Deutschland entwickelte sich in den vergangenen Jahren zusehends. In Hessen z. B. veranstaltete der IRJGV Wetzlar 2004 den Gauzwiesen-Cup. Ebenfalls 2004 veranstaltete die Hundeschule Konermann aus Hungen ihren ersten Flyball-Wettbewerb. Die Flyballmannschaft 4 x 4 Paws of Powers, heute besser bekannt als die 16 Paws of Powers, wurde gegründet. 2005 übernahm Joachim Müller das Flyballtraining in Hungen und veranstaltet den ersten Hungen-Bembel. Danach folgten Turniere in Heiden, Weiden, Starnberg, Bad Soden, Lussheim, Ludwigshafen, Durbachtal, Kollmarsreute, Stuttgart/Degerloch, Sauldorf, usw.

Der amtierende deutsche Flyballmeister, mit einer deutschen Bestzeit von 17,28 Sekunden, ist die Mannschaft »16 Paws of Power«. Dieser Mannschaft gelang es außerdem 2009 in Belgien als erste deutsche Mannschaft bei einer Europäischen Flyballmeisterschaft (EFC) in der ersten Division zu starten.
2007 initiierte der Belgier Stefan Van Thienen die »Europäische Flyball Charta für Gastfreundschaft«, in der sich die unterzeichnenden Organisationen und Verbände dazu verpflichten, auf den von ihnen ausgerichteten Turnieren keine Mannschaft abzuweisen, die einer anderen Organisation beziehungsweise einem anderen Verband angeschlossen ist und die beziehungsweise der die Charta ebenfalls unterzeichnet hat. 2008 unterzeichneten Wilfried Jost und Günter Frechen, stellvertretend für die Flyballer in Deutschland, diese Charta.

Mittlerweile hat sich die Sportart etabliert, in der die Zusammenarbeit zwischen Mensch und Hund, aber auch zwischen Hund und Hund, im Vordergrund steht. In Deutschland waren 2012 mehr als 90 Mannschaften aktiv, Tendenz steigend.

Turnieratmosphäre.

8 Voraussetzungen

Früh übt sich – aber bitte nicht zu früh!

Grundsätzlich sind für das Flyballtraining alle Hunderassen geeignet, egal ob groß oder klein, Mischling oder Rassehund, da sich die Hürdenhöhe immer an dem kleinsten in der Mannschaft startenden Hund orientiert. Der Border Collie, dessen eigentliche Passion das Hüten ist, muss sorgsam trainiert und beobachtet werden. Die Rasse eignet sich zwar wegen der Größe und der Schnelligkeit, ist aber auch sehr stressanfällig. Tervueren, Altdeutsche Hütehunde, Terrier, Pudel, Hovawart und Riesenschnauzer sind stresstoleranter und gehen in schnellen Rennen auf. Ebenfalls besonders geeignet sind Golden Retriever, Australian Shepherd, Shelti und Labrador Retriever.

Der Mensch sollte offen für Entwicklung im Allgemeinen und in Bezug auf seinen Hund im Speziellen sein. Da Flyball eine Teamsportart ist, sollten sowohl Hund als auch Mensch teamfähig und kooperationsbereit sein. Ein Trainer bzw. eine Trainerin sollte nicht nur die Schnelligkeit und den Erfolg, sondern vor allem die Individuen im Blick haben. Der Hund ist kein Sportgerät und nicht Mittel zum Zweck!

→ Grundsätzlich gilt immer, dass der Hund mental gefestigt und damit stressresistent ist, kein Übergewicht hat, körperlich fit und klinisch gesund ist. Der Mensch sollte geduldig und sensibel sein und die Anzeichen des Unwohlseins und der Überforderung bei seinem Hund früh erkennen können. Der menschliche Ehrgeiz sollte im Hintergrund, der Spaß am gemeinsamen Sport mit dem Hund im Vordergrund stehen. Eine Turnierteilnahme ist für den Hund erst mit einem Alter von 15 Monaten möglich, das Mitführen eines gültigen Impfausweises ist Voraussetzung für das Betreten des Turniergeländes.

Flyballhunde der Hundeschule Gießen sind u.a. Golden Retriever, Leonberger-Hovawart-Mix, Altdeutscher Hütehund, Jack Russel Terrier, Australien Shepherd, Riesenschnauzer, Border Collie, Shelti, Hovawart, Kleinspitz, Pudel, Pomeranian, Labrador Retriever, Hütehundmix, Zwergspitz

9 Ausrüstung und Zubehör

Flyballparcours im Turnier oder im Training unter Turnierbedingungen.

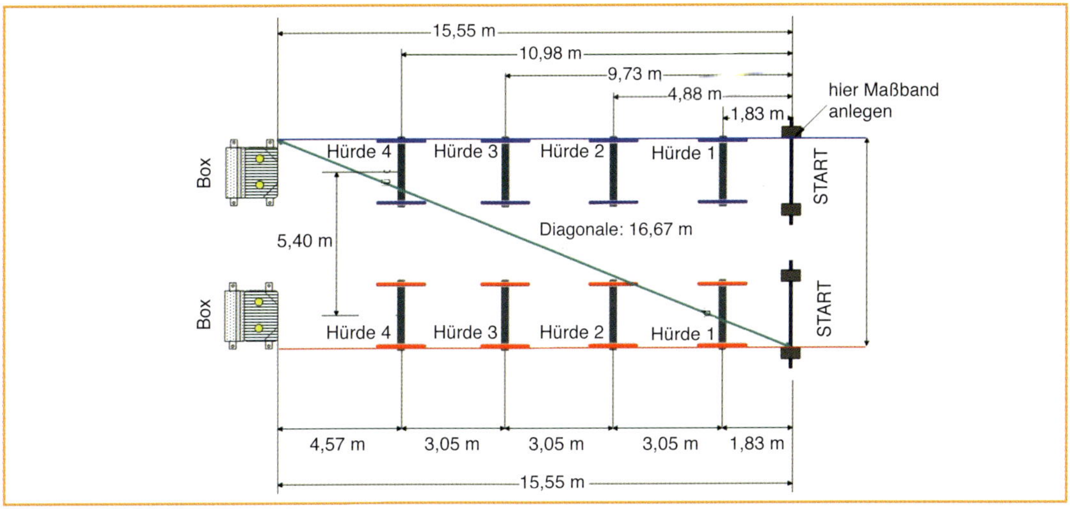

Flyballparcours mit Abmessungen laut Reglement.

Flyballparcours

Für den Flyballparcours werden vier Steckhürden mit verschieden großen Einschüben, eine Begrenzung für das Parcoursende (Backstop), eine Boxen- und Start-Ziellinien-Markierung sowie Abstandsmarkierungen für den Start benötigt.

Im Turnier kommen noch ein EJS (vgl. S. 24) für die Zeitmessung, eine Spielstandanzeige mit Fehlstartfunktion, gegebenenfalls ein Trennzaun zwischen den beiden Parcours, zwei Stühle und Fahnen für die Boxenrichter sowie Tische und Sitzgelegenheiten mit der dazu gehörenden Überdachung für die Linienrichter hinzu. Der Einsatz eines EJS im Turnier ist nicht unbedingt erforderlich. Das EJS wird lediglich als sehr angenehme Hilfe verstanden. Eine Zeitmessung ist auch mittels Stoppuhr möglich. Die Fehler werden dann mit farbigen Fahnen angezeigt.

Für das eigentliche Flyballspiel kommen eine Flyballbox, Bälle, eventuell Übersprunghilfen, Hilfszäune, Stäbe, Wendehilfen, natürlich Ihr Hund und ein Geschirr für Ihren Hund dazu. Auf die Nutzung des Geschirrs, die unterschiedlichen Boxen und Bälle sowie die verschiedenen Hilfen gehen wir im Folgenden näher ein.

Geschirr oder Halsband

Führen Sie Ihren Hund nach Möglichkeit an einem Brustgeschirr. Laut Reglement sind auch Halsbänder zugelassen. Davon möchten wir allerdings abraten, da das Geschirr den Zug auf den Körper des Hundes gleichmäßig verteilt und der Hund sich so besser und vor allem gesundheitsschonender starten lässt. Wenn Sie ein Halsband benutzen, ist es selbstverständlich, dass Sie weder Kettengleiter noch Stachelhalsband o. Ä. verwenden. Diese sind auch laut Reglement nicht zugelassen. Für uns stehen die Gesundheit und der Spaß im Vordergrund. Starkzwänge und übertriebene Maßregelung sind in diesem Zusammenhang kontraproduktiv und inakzeptabel.

Das Geschirr verteilt den Zug beim Start des Hundes auf den kompletten Hundekörper. Es sollte eine etwas längere Halteschlaufe haben, damit sich der Hund vor dem Start nicht bedrängt fühlt. Das Starten Ihres Hundes am Halsband bringt Zug auf die Halswirbelsäule, was zu Verletzungen führen kann.

Flyballboxen

Wie wir bereits in der Historie des Flyballsports anklingen ließen, haben sich die Flyballboxen weiterentwickelt. Mittlerweile laufen fast alle Hunde auf Curved-Boxen. Die Front der Boxen ist gekrümmt, also kurvenförmig. Der Vorteil bei diesen Boxen ist, dass der Hund nicht frontal auf die Box aufkommt und die Schwimmerwende durch diese Form begünstigt wird. Hersteller und Anbieter von Flyballboxen sind in Deutschland und Europa u. a. Kaiser Hundesport, Horst Rauh, Strucken Hundesportgeräte, Patrick de Flies und Thomas Stroick. Horst Rauh verwendet für seine Box Kunststoff, wodurch diese Box ein geringes Gewicht hat und damit leicht handhabbar ist. Bei der Box von Thomas Stroick wird das Einspringen in die Schwimmerwende begünstigt, da die Box im unteren Drittel gerade ist. Welche Box für Ihren Hund, beziehungsweise für die Hunde Ihrer Mannschaft, geeignet ist, können Sie am besten herausfinden, indem Sie die verschiedenen Boxen testen. Wenn Sie mit der Box arbeiten, benötigen Sie einen Helfer, den sogenannten Boxenlader, der Ihrem Hund die Box lädt.

Die Box von Thomas Stroick erleichtert das Einleiten der Schwimmerwende.

Die belgische Box, bei der in der Regel der untere Abschnitt eingefärbt ist, ist die meist genutzte Box in Deutschland.

Die Vierlochbox hat sowohl Löcher für große als auch für kleine Bälle.

Die Kunststoffbox ist auch eine reine Curvedbox und besticht durch ihre Leichtigkeit.

Bälle

Zunächst ist einmal wichtig, dass die Ballgröße der Maulgröße Ihres Hundes angepasst ist. Die meisten Flyballer benutzen Tennisbälle, die in verschiedenen Größen erhältlich sind. Alternative Bälle sind Bälle aus Moosgummi, Kautschuk, Vollgummi (sehr schwer und nur für große Hunde geeignet) oder sogenannte TCA-Bälle aus Spezial-Schaumstoff. Letztendlich müssen Sie ausprobieren, mit welchem Ball Ihr Hund gut zurechtkommt.

➜ Achten Sie bitte bei den Tennisbällen darauf, dass Ihr Hund nicht darauf herumkaut, da das Filz auf Dauer den Zahnschmelz schädigen könnte.

Hilfsmittel

Der Einsatz aller Hilfsmittel und Ausrüstungsgegenstände wird in den Übungen näher beschrieben. Ebenso werden wir nochmals die Gründe für die Schwimmerwende thematisieren.

Übersprung- und Wendehilfen

Übersprung- und Wendehilfen wie z. B. dauerhafte Markierungen auf dem unteren Teil der Box, Schaumstoff, der vor die Box gespannt wird, Pylonen oder Schaumstoffsprünge, die vor die Box gestellt werden, helfen Ihrem Hund bei der Schwimmerwende. Diese Hilfen verhindern, dass Ihr Hund frontal auf die Box läuft. Der Bewegungsablauf wird flüssiger und schonender. Beim frontalen Auftreffen auf die Box wirken durch die Geschwindigkeit des Hundes enorme physikalische Kräfte, was zur Stauchung der Wirbelkörper führt. Beherrscht Ihr Hund die Schwimmerwende noch nicht exakt, sollte mit einem Wettbewerbs-Start noch gewartet werden.

Boxendummy/Schrägwand (siehe auch Selbstbau)

Für das Erlernen der Schwimmerwende ist ein Boxendummy, also eine Schrägwand, auf der Ihr Hund die Wende ausführt, hilfreich. Ihr Hund kann so die Bewegung zunächst ohne Ball verinnerlichen. Am Boxendummy wird selbstverständlich auch mit Übersprung- und Wendehilfen gearbeitet.

Zäune

Zäune dienen dazu, Ihren Hund sicher durch den Parcours zu führen. Zum einen können Sie mit kleinen Zäunchen, die Sie an Schafzaunstangen befestigen, vor der Box einen Trichter aufstellen, damit Ihr Hund sicher in die erste Hürde nach der Box findet. Alternativ können Sie Stangen trichterförmig aufstellen. Der Vorteil ist, dass Sie die Zäunchen, aber auch die Stangen, nach und nach abbauen können,

wenn Ihr Hund mehr Sicherheit erlangt hat. Zum anderen bietet ein Schafzaun entlang des Parcours die Sicherheit, dass Ihr Hund nicht aus dem Parcours ausbricht.

Sonstiges Zubehör

Im Training und im Wettbewerb benötigen Sie gegebenenfalls ein Motivationsobjekt für Ihren Hund.

Wenn Sie mit Ihrem Hund intensiv trainieren oder auch bei Wettkämpfen, haben sich bei heißem, aber auch bei regnerischem Wetter Hundehandtücher bewährt. Wenn es sehr heiß ist, kann es schnell zu einem Hitzestau bei Ihrem Hund kommen. In Wasser getränkte Handtücher, die auf den Hund aufgelegt werden, können Abhilfe schaffen. Bei regnerischem Wetter trocknen Sie Ihren Hund zwischen den Übungssequenzen und im Turnier zwischen den Wettbewerben ab, damit er sich nicht erkältet. Hunde, die zur Unterkühlung neigen, sollten zwischen den Wettbewerben beziehungsweise den Trainingsläufen einen Hundemantel tragen.

Für den Besuch von Turnieren sollten Sie zusätzlich einen Wasserkanister, einen Wassernapf und etwas Futter bereithalten. Damit der Hund eine Rückzugs- und Entspannungsmöglichkeit im Turnierbetrieb hat, empfehlen wir den Einsatz einer Hundebox. Wie Sie Ihren Hund an die Box gewöhnen, beschreiben wir später. Bewährt haben sich auch Erdhaken, die, mit einem Gewinde versehen, in den Boden gedreht werden. Eine Sicherung des Hundes ist so auch außerhalb der Box gewährleistet. Denken Sie bitte zusätzlich an eine wetterfeste Unterlage, damit Ihr Hund nicht auskühlt.

Für die Menschen sollten Sie einen Pavillon mit Sitzgelegenheiten und einen Tisch mitführen. Zusätzlich empfehlen wir ein Erste-Hilfe-Set für Mensch und Hund, auch wenn der Einsatz einer Tierambulanz vor Ort selbstverständlich sein sollte.

Für die Reinigung der Box im Training und zwischen den Wettbewerben benötigen Sie alte Handtücher und eine Bürste. Die Reinigung der Box ist gerade bei Regen sehr wichtig, damit Ihr Hund nicht ausrutscht und sich verletzt.

➔ Stellen Sie Ihrem Hund während des Trainings und im Turnier immer ausreichend Wasser zur Verfügung. Geben Sie Ihm bitte niemals direkt vor oder nach dem Training beziehungsweise dem Turnier Futter. Zur Stärkung Ihres Hundes – Flyball ist sehr intensiv und Ihr Hund benötigt Elektrolyte – empfehlen wir verdünnte Fleisch- oder Hühnerbrühe, wenn sie Ihr Hund verträgt.

Für das Training zu Hause – Selbstbau

Wer Flyball trainiert, sollte auch zu Hause üben. Im Folgenden erklären wir Ihnen, wie Sie Boxendummy und Hürden selbst bauen können. Beachten Sie beim Training außerhalb des Platzes immer die Grundsätze »vom Leichten zum Schweren« und »vom Einfachen zum Komplexen«. Bitte überfordern Sie Ihren Hund nicht – weniger ist mehr! Wenn Sie in einem Verein oder einer Hundeschule trainieren, sprechen Sie bitte das Training mit Ihrem Trainer beziehungsweise Ihrer Trainerin ab.

Boxendummy/Schrägwand

Bespannen Sie ein stabiles Brett mit Grasteppich. Das Brett schrauben Sie entweder auf eine schräge Unterkonstruktion oder lehnen es so an eine Wand, dass Ihr Hund es nicht umwerfen kann, wenn er darauf die Wende übt. Alternativ finden Sie auf der Website von Thomas Stroick eine Bauanleitung für einen Boxendummy in Boxengröße. Diesen können Sie auch über ihn beziehen.

Selbstbauhürden

Zeichnen Sie die Umrisse Ihrer Trainingshürden auf dem Übungsplatz auf Karton. Fertigen Sie anschließend anhand dieser Schablone leichte, zusammensteckbare Hürden. Vorteile dieser Hürden sind, dass sie leicht bewegbar sowie überall mit hingenommen werden können und damit ein Training auch »unterwegs« möglich ist. Wegen ihres geringen Gewichts fallen sie allerdings auch leicht um. Zusätzlich sind sie nicht wetterfest. Eine größere Stabilität haben Hürden aus dünnem Sperrholz.

Alternativ stellen Sie leere Tetrapacks bis circa auf Hürdenbreite zusammen und fixieren diese mit einer Umwicklung aus festem Klebeband. Zusätzlich können Sie aus Karton nach Vorlage noch eine höhere seitliche Begrenzung anfertigen und an dem Übersprung aus Tetrapacks seitlich befestigen.

10 Das Training

Das Training gliedern wir, wie bereits im ersten Teil unseres Leitfadens erläutert, immer in Aufwärm-, Haupt- und Abwärmphase. Planen Sie also bitte für jedes Training mit Ihrem Hund genug Zeit für einige Auf- und Abwärmübungen mit ein.

Die nachfolgenden Übungen stellen einen Ausschnitt aus unserem Trainingsrepertoire dar. Sie sollen Ihnen dabei helfen, Ihren Hund gesundheits- und spaßorientiert an Flyball heranzuführen. Wir erklären Ihnen, wie Sie die Drehrichtung Ihres Hundes erkennen, wie Sie ihn dazu anleiten, über Hürden zu laufen, einen Gegenstand zu umrunden und durch die Hürden wieder zu Ihnen zurückzulaufen. Das Einfädeln in die erste Hürde steht dabei im Vordergrund. In weiteren Übungen lernen Sie die Schwimmerwende kennen und wir zeigen Ihnen, wie Sie Ihren Hund dazu anleiten, auf der Flyballbox eine korrekte Wende durchzuführen.

Gründe für die Schwimmerwende

Flyball ist eine schnelle Sportart. Ein Trainingsziel ist es, dass die Hunde auf dem Weg zur Box möglichst schnell werden. Laufen sie nun mit voller Geschwindigkeit frontal vor die Box, so bedeutet dies einen mächtigen Stoß für den ganzen Körper. Zeitlupenaufnahmen haben gezeigt, dass hierbei der Hund vom Kopf her über den Nacken bis hin zu den Lendenwirbeln gestaucht wird. Schon alleine daran erkennt man, warum auf der Box eine möglichst technisch einwandfreie Wende das Ziel eines jeden Flyballtrainings sein muss.

Wenn man jetzt noch bedenkt, dass Hunde möglicherweise über Jahre im Flyballsport im Training oder in einer Mannschaft auf Turnieren eingesetzt werden wird klar, dass die Dauerbelastung auf Gelenke, Knorpel und Wirbelsäule eine Gefahr für chronische Schäden birgt, wenn die Wende nicht technisch einwandfrei beherrscht wird.
Eine exakte, sauber gesprungene Wende auf der Box dient dem größtmöglichen Schutz des Hundes vor gesundheitlichen Schäden, vor allem vor möglichen Spätschäden. Sie ist zudem wesentlich eleganter und bringt eine schnellere Kehrtwende. Damit ist der einzelne Hund, beziehungsweise sind alle Hunde einer Mannschaft, im Parcours schneller unterwegs.

Der Trichter und der Stab, im Training eingesetzt, helfen dem Hund, eine saubere Wende zu trainieren und korrekt in die erste Hürde einzufädeln.

So sollte eine sehr schön eingesprungene Schwimmerwende aussehen: Fließend ohne Stopp, saubere Schräglage, ein weiter Sprung auf die Box mit dem Nachziehen der Hinterhand, ein kräftiger Abstoß von der Box.

Motivation und Belohnung

➔ Bitte berücksichtigen Sie bei der Durchführung aller Übungen den Entwicklungs-, den Leistungs- und den Trainingsstand Ihres Hundes. Beobachten Sie Ihren Hund aufmerksam und hören Sie bitte rechtzeitig auf, und zwar so, dass Ihr Hund immer noch mit großer Freude und Elan mitmacht.

Tipp:

➔ Bevor Sie mit dem Training beginnen, spätestens aber vor dem Einsatz Ihres Hundes im Wettkampf, empfehlen wir Ihnen, Ihren Hund sowohl tierärztlich als auch physiotherapeutisch untersuchen zu lassen.

Die Motivation des Hundes sollte mit der Stimme, über Körperkontakt oder durch ein Motivationsobjekt erfolgen. Loben Sie Ihren Hund nach jeder Übung. Streicheln Sie ihn, streichen Sie ihn ab oder toben Sie mit ihm. Setzen Sie Leckerchen, in welcher Form auch immer, nur äußerst sparsam bei den Übungen ein, da diese im weiteren Verlauf der Ausbildung stören. Verzichten Sie außerdem auf quietschende Motivationsobjekte. In den Wettbewerben ist der Einsatz von Leckerchen und sogenannten Quietschies verboten (siehe auch: Deutsches Flyball-Regelwerk: Störungen und Behinderungen).
Besser geeignet ist der Einsatz eines Spielzeugs in Form eines Taus, langen Spielseils, Ball mit Schnur oder Ähnlichem.

Sollte eine Übung einmal nicht klappen, brechen Sie sie bitte ab und üben Sie diese beim nächsten Mal von vorne. Auch wenn wir Menschen es nicht gerne hören: Meist liegt es an uns, wenn der Hund etwas anderes macht als er gerade soll. Also nehmen Sie es bitte mit Humor.
Bauen Sie den Ball nicht zu früh in die Übungen ein. Er dient zunächst lediglich als Motivationsobjekt und damit zur Belohnung. Hunde, die sehr ballverrückt sind, werden durch den frühen Einsatz des Balles eher von der technisch korrekten Ausführung der Übungen abgelenkt.

Wenn Sie Ihren Hund über sechs, acht oder zwölf Meter über vier Hindernisse (Hürden) vorausschicken können, er um die Pylone oder den Stab eine gute Wende läuft beziehungsweise zur Wende schön in die Box springt und anschließend sicher über die Hürden zurückkehrt, so ist es immer noch früh genug für den Einsatz des Balles.

Flyball-Übungen

In den Übungen benutzen wir die folgenden Materialien:

Pylonen (groß und klein), Stäbe, Übersprunghilfen, breite Hürden, normale Hürden, Boxendummies, Boxen, Latten, Styropornudeln, Spielies, Tetrapackhürden, Zäune, Bälle.

Übung 1: Das Erkennen und Festlegen der Drehrichtung Ihres Hundes – Vorbereitung für die Wende auf der Box

Halten Sie Ihren Hund an Ihrer Seite. Werfen Sie einen Ball in geeigneter Größe locker circa 5–6 Meter geradeaus. Der Ball soll zum Liegen kommen.
Schicken Sie Ihren Hund zum Ball. Er soll ihn holen und zu Ihnen zurückbringen. Beobachten Sie Ihren Hund: Er läuft zum Ball, nimmt ihn mit dem Fang vom Boden auf und dreht sich in Ihre Richtung, um zu Ihnen zurückzulaufen. Auf diese störungsfreie Drehung kommt es an: Dreht sich Ihr Hund links oder rechts herum, um zu Ihnen zurückzulaufen?
Wenn Sie diese Übung mehrere Male hintereinander ausführen, zeigt sich eine Tendenz. Es kann auch sein, dass sich der Hund praktisch nur in eine Richtung dreht.

Wiederholen Sie diese Übung 3–5-mal pro Woche jeweils 5–10-mal.

Aus der Praxis wissen wir, dass sich mehr Hunde rechts als links herum drehen. Bei ganz wenigen Hunden lässt sich die Drehrichtung nicht eindeutig bestimmen. Bei diesen Hunden sollten Sie nach Ihrem Gefühl beziehungsweise in Absprache mit einem Trainer bzw. einer Trainerin entscheiden, in welche Richtung sich Ihr Hund leichter dreht.

Alternativ können Sie Ihrem Hund, falls er gerne schwimmen geht, ein Spielzeug ins Wasser werfen. Schicken Sie ihn und lassen Sie ihn das Spielzeug aus dem Wasser holen. Kommt Ihr Hund am Spielzeug im Wasser an, wird er es greifen, sich in Richtung Ufer drehen und zu Ihnen zurück schwimmen. Auch diese Drehung wird Ihr Hund im Regelfall in eine bestimmte Richtung machen. Das ist dann ebenfalls die Drehrichtung, die Ihrem Hund liegt.

Tipp:

➜ Wenn Sie die Drehrichtung Ihres Hundes herausgefunden haben, achten Sie bitte darauf, dass Sie die andere, Ihrem Hund nicht so angenehme Drehrichtung, nicht vernachlässigen. Führen Sie bitte immer auch ein Ausgleichstraining durch, um einem muskulären Ungleichgewicht vorzubeugen, z. B. Achter durch die Beine, einen Gegenstand entgegen der Drehrichtung umrunden.

Die Wende

Nachfolgende Übungen dienen als Vorübungen zur Schwimmerwende. Geeignet für das Umrunden von Gegenständen, die Sie zuvor immer erst Ihrem Hund zeigen, sind z. B. eine Pylone, ein Stab, ein Eimer, ein Stuhl, ein Pfosten oder ein Baum. Im Training auf dem Platz eignen sich am besten eine Pylone oder ein Stab. Zusätzlich kommt ab Übung 4 eine Schrägwand beziehungsweise ein Boxendummy zum Einsatz. Ein Boxendummy ist eine in der Neigung verstellbare Schrägwand; idealerweise in Boxengröße.

Das Erkennen und Festlegen der Drehrichtung. Der Hund läuft zum ruhenden Ball, nimmt ihn auf und läuft zu seinem Mensch zurück. Im zweiten Bild zeigt der Hund durch das Einknicken im Schultergelenk schon deutlich an, dass er sich nach rechts drehen wird.

Übung 2: Das Training mit Pylone

Führen Sie Ihren Hund mit Hilfe eines Sicht- und Hörzeichens um eine Pylone herum. Geht Ihr Hund um die Pylone, loben Sie ihn dafür deutlich. Das Sichtzeichen kann ein voraus zeigender Finger sein, der am Anfang eine Drehbewegung um die Pylone in Drehrichtung des Hundes beschreibt.

Lässt sich Ihr Hund um die Pylone führen, kann das Hörzeichen, z. B. »Wende«, »turn«, »round« o. Ä., mit hinzugenommen werden.

Wiederholen Sie diese Übung einige Male.

Zur Steigerung der Motivation für Ihren Hund sollten Sie, wenn er gerade die Wende um die Pylone gelaufen ist, von der Pylone weglaufen. Ihr Hund wird in der Regel schnell und freudig hinter Ihnen herlaufen. Ist Ihr Hund bei Ihnen angekommen, loben Sie ihn überschwänglich. Achten Sie bitte unbedingt darauf, dass Ihr Hund die Wende um die Pylone vollständig ausgeführt hat.

→ Bei dieser Übung kommt es auf das richtige Timing an: Verfrühtes Weglaufen kann bedeuten, dass Ihr Hund möglicherweise die Wende nicht komplett um die Pylone ausführt und vorher hinter Ihnen herläuft.

Wenn Ihr Hund Sicherheit erlangt hat, dann entfernen Sie sich schrittweise von der Pylone. Schicken Sie Ihren Hund immer mehr voraus, sodass er die Wende selbstständig durchzuführen lernt.

Orientieren Sie sich hierbei bitte an folgendem Ablauf:

1. Einen knappen Schritt weit von der Pylone entfernen und den Hund mit dem Arm um die Pylone führen.

2. Nach und nach über 1,5 Schritte auf zwei, drei und immer weiter von der Pylone entfernen.

Achtung! Biegt Ihr Hund vor der Pylone ab und dreht sich zu Ihnen um, dann haben Sie sich zu schnell von der Pylone entfernt. Bauen Sie die Übung neu auf und führen Sie Ihren Hund wieder um die Pylone herum. Steigern Sie den Abstand zur Pylone erneut ganz langsam. Ihr Hund muss sicher auf einigen Abstand voraus geschickt werden und dabei selbstständig die Wende um die Pylone ausführen können.

Sobald Ihr Hund mehr Sicherheit erlangt hat, entfernen Sie sich mehr und mehr von der Pylone und schicken ihn voraus, sodass er sie eigenständig umrunden lernt.

Übung 3: Variation mit Stab

Üben Sie die Wende wie zuvor, schicken Sie Ihren Hund nun z. B. um einen in den Boden gesteckten Stab herum.
Variieren Sie auch den Standort des Stabes. Platzieren Sie die Gegenstände dazu immer wieder neu auf der Übungsfläche und lassen Ihren Hund die Wende ausführen.
Diese Übungen können Sie zusätzlich in Ihre Spaziergänge einbauen, indem Sie Ihren Hund z. B. um Bäume herumschicken.

Übung 4: Das Training auf dem Boxendummy

Stellen Sie die Pylone beziehungsweise den Stab vor einen Boxendummy oder einer Schrägwand und lassen Sie ihn die Wende dort ausführen. Stellen Sie die Pylone zuerst kurz vor den Boxendummy, sodass Ihr Hund auf ebenem Boden um die Pylone beziehungsweise den Stab laufen kann. Wenn sich Ihr Hund an den Anblick des Boxendummies gewöhnt hat, rücken Sie in den weiteren Übungssequenzen die Pylone beziehungsweise den Stab immer dichter heran, sodass Ihr Hund die Wende über den Boxendummy ausführen muss.

Zu Anfang bleiben Sie bitte am Boxendummy stehen und rufen Ihren Hund vom Startpunkt zu Ihnen heran. Führen Sie ihn nun möglichst hoch in die Schräge und lassen ihn mit Schwung die Wende und anschließend zurück zum Ausgangspunkt laufen.

Das Vorausschicken auf eine längere Distanz – Einbauen der Hürden

Die Voraussetzung für das Vorausschicken auf eine längere Distanz mit anschließender Wende ist, dass Ihr Hund zuverlässig die Wende um eine Pylone oder um einen Stab auf kurze Distanz beherrscht.

Versuchen Sie nach und nach die Entfernung zu steigern. Ist Ihr Hund in der Lage, mehrere Meter bis zur Pylone zu laufen, können Sie die erste und später die zweite bis vierte Hürde als Hindernis vor der Pylone einbauen. Nachdem Ihr Hund dies um die Pylone sicher beherrscht, bauen Sie auch hier zusätzlich den Boxendummy ein.

a

b

a
b
c
d
e
f

Übung 5: Überspringen einer Hürde mit Wende um eine Pylone oder einen Stab

Stellen Sie eine Hürde circa zwei bis drei Meter von der Pylone bzw. dem Stab entfernt auf. Setzen oder stellen Sie Ihren Hund hinter der Hürde ab. Gehen Sie nun vor die Hürde in Richtung Pylone bzw. Stab. In der Nähe der Pylone bzw. des Stabes bleiben Sie stehen und rufen Ihren Hund über die Hürde zu sich. Zeigen Sie dabei mit ausgestreckter Hand durch die Hürde auf Ihren Hund. Er überspringt die Hürde, läuft auf Sie zu. Schicken Sie ihn um die Pylone bzw. den Stab und gehen Sie mit ihm in Richtung Hürde zurück. Bitte gehen Sie dabei bewusst langsam zurück, damit Ihr Hund in die Hürde einfädelt und nicht an ihr vorbeiläuft.

Wiederholen Sie diese Übung 3–5-mal.

Tipp:

➔ Falls Ihr Hund noch nie Hindernisse übersprungen hat und der ersten Übungshürde ausweicht, legen Sie eine Stange (z. B. ein Besenstiel) auf den Boden und führen Ihren Hund ruhig darüber. Belohnen Sie ihn, sobald er die Stange korrekt übersteigt. Weiten Sie diese Übung auf bis zu vier Stangen aus. Der Abstand zwischen den Stangen sollte jeweils drei Meter betragen. Übersteigt beziehungsweise überspringt Ihr Hund alle Stangen korrekt, verändern Sie diesen Hindernisparcours z. B. mit Gymnastikstangen aus Styropor, breiten Hürden beziehungsweise mit Hilfe der Selbstbauhürden.

Übung 6: Vorausschicken – Steigerung der Übung 5

Klappt der Ablauf sicher und gut, beginnen Sie damit, Ihren Hund in Richtung Pylone vorauszuschicken.
Sie stehen nun seitlich direkt neben der Hürde, Ihr Hund überspringt die Hürde und läuft zur Pylone. Er umrundet diese und kommt auf Sie zugelaufen. Sie haben sich inzwischen ein oder zwei Schritte hinter die Hürde gestellt und zeigen wieder mit ausgestreckter Hand in Richtung Ihres auf Sie zulaufenden Hundes.

Das Vorausschicken ist die Grundlage dafür, dass Ihr Hund im Turnier den Parcours selbstständig absolviert.

a

b

c

Diese Übung ordnen wir im Viereck an, sodass sich Hund und Mensch immer neu orientieren müssen.

Übung 7: Variation

Stellen Sie sich hinter die Hürde. Schicken Sie Ihren Hund über die Hürde in Richtung Pylone. Ihr Hund umrundet die Pylone, läuft zurück und überspringt die Hürde auf Sie zu.

Verändern Sie den Standort der Pylone und der ersten Hürde immer wieder, um der Gewöhnung bei Ihrem Hund entgegenzuwirken. Er soll die Übung beherrschen und zwar immer und an wechselnden Standorten.

Übung 8: Das Vorausschicken über zwei Hürden

Erweitern Sie den Abstand der Pylone von der ersten Hürde auf gut vier Schritte.
Klappt das Vorausschicken Ihres Hundes immer besser und sehr sicher, bauen Sie die nächste Hürde in die Übung ein. Stellen Sie hierzu eine weitere Hürde in einem Abstand von circa drei Meter zur ersten Hürde auf. Achten Sie dabei darauf, dass die Hürden genau hintereinander stehen.

Setzen oder stellen Sie Ihren Hund vor die erste Hürde vor der Pylone. Gehen Sie hinter die Hürde und schauen Sie durch diese Hürde zu Ihrem Hund. Zeigen Sie, wie in den vorangegangenen Übungen, mit ausgestrecktem Arm auf ihn. Rufen Sie ihn durch die Hürde zu sich. Dabei entfernen Sie sich von der ersten Hürde etwas in Richtung der Pylone, zeigen weiter auf den auf Sie zulaufenden Hund, motivieren ihn durch die erste, ihm schon bekannte, Hürde zu springen und schicken ihn zur Pylone. Diese umrundet er nach Ihrem Zuruf (»Wende«, »turn« o. Ä.) und kommt zurück zu Ihnen und zur ersten Hürde. Begleiten Sie ihn nun ruhig bis zur zweiten Hürde. Er soll sie überspringen und noch zwei bis drei Schritte weiter neben Ihnen her gehen. Nun können Sie loslaufen und für Ihren Hund zur Belohnung ein Spiel initiieren.

Diese Bilderreihe ist eine Weiterführung der Übung 8. Wir setzen hier bereits voraus, dass Ihr Hund die Übung 8 beherrscht und Sie ihn über zwei Hürden vorausschicken können.

Die Startposition im ersten Bild der Reihe auf S. 52 hat sich auch für den Start im Turnier bewährt. Damit sich der Hund in dieser Position nicht unwohl fühlt, sie ihm also vertraut ist, trainieren Sie bitte vorher mit ihm das »Einparken«. Hierfür zeigen Sie Ihrem Hund, dass er Sie umrunden soll. In dem Moment, in dem er hinter Ihnen ist, grätschen Sie Ihre Beine und geleiten Ihren Hund durch das Öffnen Ihrer Arme und verbales Lob hindurch.

a

b

c

Herzlich Willkommen
d

Hundeschule Gießen
Herzlich Willkommen
e

f

Übung 9: Weitere Hürden überspringen, dritte und vierte Hürde einbauen

Sobald Ihr Hund die Übung 8 sicher beherrscht, entfernen Sie sich von der Pylone in Richtung der Hürden. Ziel ist es, dass Ihr Hund das selbstständige Einfädeln in die erste Hürde nach der Wende an der Pylone automatisiert. Dies erreichen Sie, indem Sie sich nun nicht mehr an die Pylone, sondern an die erste Hürde stellen und Ihren Hund heranrufen. Steigern Sie Ihren Abstand zur Pylone weiter, bis Sie an der zweiten Hürde stehen. Veranlassen Sie in jedem Übungszyklus Ihren Hund zur Pylone zu laufen, dort die Wende auszuführen und selbstständig in die erste Hürde einzufädeln.

> ➜ Aus der Praxis wissen wir, dass dies sehr schwierig ist. Achten Sie also bitte immer auf die korrekte Ausführung. Steigern Sie die Distanz erst dann, wenn Ihr Hund die Übung sicher beherrscht.

Wenn Sie die dritte und später die vierte Hürde einbauen möchten, verfahren Sie bitte im Übungsaufbau so, wie wir zuvor in Übung 8 beschrieben haben.
Konkret bedeutet das, dass Sie Ihren Hund hinter der neuen Hürde absetzen oder -stellen. Gehen Sie anschließend vor bis zur ersten Hürde vor der Pylone, rufen Sie Ihren Hund, eventuell wieder mit ausgestrecktem Arm, durch die Hürden zu sich, und schicken Sie ihn voraus zur Wende um die Pylone.
Wenn er zu Ihnen zurückläuft, begleiten Sie ihn langsam zurück über die nächsten Hürden bis zum Startpunkt. Ab hier laufen Sie dann weiter nach hinten und toben und spielen ausgiebig mit Ihrem Hund. Das haben Sie sich beide verdient!

Der Einbau der vierten Hürde erfolgt, wie zuvor für die zweite und dritte Hürde beschrieben.

Bitte achten Sie immer darauf, dass Sie Ihren Hund langsam zum Startpunkt zurück begleiten und einen engen Abstand zu den Hürden halten. Sie minimieren so die Fehlerquellen für Ihren Hund, da er durch Ihre Hilfe kontrolliert die Hürden überspringt und nicht an der Hürde vorbeischlüpft. Sie vermeiden zudem, dass Sie mit Ihrer Körperhaltung Ihren Hund aus dem Parcours zu sich herausziehen.

◀ *Das Vorausschicken über zwei Hürden mit einer Wende um die Pylone.*

Tipp:

- Klappt eine Übung nicht, brechen Sie bitte ab und spielen etwas mit ihm – gönnen Sie sich und Ihrem Hund eine Pause. Danach bauen Sie die Übung noch einmal neu auf und beginnen einige Schritte weiter zurück. Schließen Sie die Übungen mit einem positiven Gefühl ab.
Üben Sie lieber weniger oft und konstruieren Sie die Übungen so, dass Sie beide mit Erfolg aufhören können. Weniger ist mehr!
Nach einiger Zeit (mehrere Wochen bis Monate) sollte Ihr Hund in der Lage sein, von Ihnen voraus über vier Hürden geschickt zu werden, bis zur Pylone zu laufen, diese zu umrunden, zurück zur ersten Hürde nach der Pylone zu laufen, hier richtig in den Parcours einzufädeln und über die weiteren Hürden zu Ihnen zurückzukommen.

Über die Hürden springen, weitere Trainingstipps

- Wir empfehlen für den Aufbau des Parcours, die Hürden als Hindernisse im Training für den Hund von der Box (Standort der Pylone) her zu beginnen.
Die Wende um die Pylone (oder ersatzweise um einen Stab) bedeutet später im Rennen, dass Ihr Hund auf der Box die Wende ausführen soll.

Das erste Hindernis, sprich die erste Hürde, wird dann auch die letzte Hürde für Ihren Hund auf dem Rückweg von der Box (Pylone) sein.

Die schwierigste Hürde für Ihren Hund wird vermutlich die letzte Hürde vor der Box werden. Hierbei ist es wichtig, dass ihr Hund nach der Wende um die Pylone immer den Weg zur nächsten Hürde sucht und diese überspringt. Wir stellen in gut 3 bis 4,5 Meter Entfernung von der Pylone (oder dem Stab) eine Hürde auf. Die Übersprunghöhe sollte für jeden Hund zuerst niedrig gehalten werden. Beginnt man sofort mit zu hohen Hürden, so besteht die Gefahr, dass der Hund nicht über die Hürde springt, sondern an ihr vorbeiläuft. Vermeiden Sie von Anfang an Fehler. Das gilt besonders für die erste Hürde nach der Box und die Schwimmerwende.

- Begleiten Sie Ihren Hund immer nur auf der Seite der Hürden, zu der er an der Pylone hindreht. D. h. den links drehenden Hund begleiten Sie immer auf der linken Seite, den rechts drehenden Hund auf der rechten Seite entlang des Parcours.

Bitte drehen Sie sich nicht vor der Box mit Ihrem Hund, sondern zeigen Sie ihm lediglich wie er sich drehen soll. Bitte laufen Sie nicht mit Ihrem Hund zurück. Laufen bedeutet, dass Ihr Hund schneller wird. Wenn Sie nun wieder das Tempo erhöhen, erhöht Ihr Hund das Tempo usw. Beachten Sie bitte, dass Ihr Hund

schneller als Sie ist. Bleibt Ihr Hund noch nicht sicher über den Hürden beziehungsweise im Parcours, erhöht die Schnelligkeit auch die Fehlerwahrscheinlichkeit.

➔ Es klingt paradox: Flyball ist eine rasante Sportart. Gerade aber deshalb ist es wichtig, mit Anfängerhunden langsam zu üben, um Fehler zu vermeiden.

Das Flyballtraining fördert die Bindung zwischen Ihnen und Ihrem Hund. Ihr Hund ist auf Ihre Mithilfe angewiesen, bis er alle Bewegungsabläufe automatisiert hat. Wenn Sie Ihrem Hund Fehler erlauben, schleichen sich diese ein und sind sehr schwer wieder abzutrainieren.
Auch später, wenn er sich sehr sicher im Flyballparcours bewegt, wird er Ihnen mit einer erhöhten Aufmerksamkeit entgegentreten, schließlich zeigen Sie Ihrem Hund, wie er den Parcours zu absolvieren hat. Er lernt die jeweilige Hürde sicher zu überspringen, nach der Wende an der Box in die erste Hürde einzufädeln und über alle weiteren Hürden zu Ihnen zurückzukommen.

In der Praxis haben wir es mehr als einmal erlebt, dass nach einiger Zeit der Hund viel Spaß daran findet, den Parcours abzuarbeiten und dass einige Hunde ein regelrechtes »Aha«-Erlebnis hatten, als es ganz von selbst klappte. Für uns ist es sehr wichtig den Hund mit Freude und Geduld an den Parcours heranzubringen mit dem Ziel, dass der Hund die Hürden nach der Wende an der Box von selbst sucht und korrekt einfädelt.
Dies ist für die spätere Teilnahme an Wettkämpfen und Wettbewerben sehr wichtig und führt zu sehr sicheren Hunden im Parcours.

Bitte beachten Sie, dass Ihr Hund auch Fehler machen kann. Starkzwänge lehnen wir in diesem Zusammenhang strickt ab. Der Hund ist ein Lebewesen und kein Sportgerät! Treten Fehler auf, so sollen diese mit liebevoller Konsequenz korrigiert werden. Legen Sie mit Ihrem Hund eine kleine Pause ein und bauen Sie die jeweilige Übung von vorne auf. Gehen Sie dabei langsam und geduldig vor – Ihr Hund wird es Ihnen danken.

➔ Üben Sie, wenn möglich, immer in Freifolge ohne Leine. Ihr Hund soll lernen, dass er die ihm gestellte Aufgabe selbstständig bewältigen kann. Die Leine würde ihn daran hindern und zusätzlich eine Gefahr in der Art darstellen, dass sie an den Hürden hängen bleiben und die Hürden umwerfen könnte. Dies wäre kontraproduktiv, da es vermutlich Ihren Hund verunsichern würde.

Übungen mit Pylone und Box beziehungsweise Boxendummy – Hilfen für das Einfädeln in die erste Hürde nach der Wende beziehungsweise nach der Box in den Parcours

Verwenden Sie zur Unterstützung Ihres Hundes Hilfen, wie z. B. seitliche Begrenzungen durch Hürden, Stellzäune, Schafszaun etc.

Für das sichere Einfädeln in die erste Hürde nach der Wende auf der Box und dem Aufnehmen des Balles, werden kurze Zäune trichterförmig rechts und/oder links von der Hürde aufgestellt. Wir empfehlen Baustellenbegrenzungszaun, der an niedrigen Schafzaunstangen befestigt wird. Er lässt sich leicht aufrollen, so dass die seitliche Begrenzung an der Hürde variabel gestaltet werden kann. Je nach Trainingsfortschritt Ihres Hundes können Sie den Zaun immer mehr verkürzen, also einrollen.

Entlang des Parcours dient ein Schafzaun als Hilfe, der dicht entlang der Hürden aufgestellt wird. Dies unterstützt Ihren Hund dabei, alle Hürden fehlerfrei zu überspringen ohne den Parcours zu verlassen. Entsprechend des Trainingsfortschritts Ihres Hundes wird auch hier der Zaun (meist von der Start-/Ziellinie her) eingerollt beziehungsweise verkürzt.

Zusätzlich können, falls vorhanden, weitere Hürden entweder als trichterförmige Einfädelhilfe nach der Box oder als seitliche Begrenzung verwendet werden. Wir bevorzugen allerdings die Trichtervariante mit dem Zaun, da zusätzliche Hürden den Hund verwirren können.

Sollte Ihr Hund Schwierigkeiten mit den Flyballhürden haben, können Sie zunächst auf andere Hindernisse zurückgreifen. Wir haben bereits beschrieben, wie der Einsatz der Gymnastikstangen erfolgt. Weiterhin haben Sie die Möglichkeit, aus zusammensteckbaren Flyballhürden ein sehr breites Hindernis zu bauen. Entfernen Sie dazu jeweils eine seitliche Begrenzung einer Hürde und stellen Sie die beiden Hürden so zusammen, dass Sie eine sehr breite Hürde erhalten. Zur Fixierung empfehlen wir Panzertape. So ist gewährleistet, dass die Hindernisse nicht umfallen, wenn Ihr Hund versehentlich dagegen stößt. Der Vorteil dieser Hindernisse ist, dass sie, je nach Trainingszustand Ihres Hundes, zusammengeschoben werden können, bis sie letztendlich die Flyballhürdenbreite erreichen.

➔ Die Hürdenhöhe ist mit Hilfe der Einschübe in 2,5 cm Schritten zu verstellen. Die im Wettkampf zu laufende Höhe orientiert sich immer am kleinsten startenden Hund, von dessen Widerristhöhe 12,5 cm abgezogen und nach unten auf 2,5 cm gerundet wird. Die minimale Hürdenhöhe beträgt laut Reglement 17,5 cm, die maximale 35 cm.

Hürdentraining unter Ablenkung – Vorbereitung auf die Wettkampfsituation

Flyball als Mannschaftssport bedeutet konkret, sich auch in Wettkämpfen mit anderen Mannschaften zu messen. Die Ablenkung ist auf einem Turnier für Ihren Hund sehr groß. Während der Wettbewerbe muss Ihr Hund gegen andere Hunde laufen. Da jede Mannschaft aus sechs Hunden besteht, von denen im Wettbewerb immer vier Hunde laufen, darf Ihr Hund keine Angst vor dem Wechsel mit anderen Hunden haben. Je nach Trainings- und Leistungsstand der Hunde, finden diese Wechsel sehr eng statt. Da die Gesundheit des Hundes immer im Vordergrund steht, ist es unabdingbar, Ablenkungen und Wechsel ausgiebig zu trainieren. Voraussetzung für ein erfolgreiches Training unter Ablenkung ist allerdings, dass Ihr Hund einen guten Grundgehorsam hat. Sie sollten Ihren Hund in Freifolge kontrollieren und abrufen können. Dies sollte auch dann funktionieren, wenn andere Hunde in der Nähe sind, üben oder trainieren. Wir empfehlen Ihnen aus diesem Grund frühzeitig, möglichst von Beginn an, in einer Gruppe zu trainieren. Die Hunde sollten immer mit mehreren Metern Abstand nebeneinander ihr Training absolvieren. Üben Sie z. B. das Vorausschicken auf einen Boxendummy parallel mit einem zweiten Hund. Achten Sie dabei auf eine ausreichende Distanz zwischen den beiden Hunden. Diese Distanz sollten Sie nach und nach auf die Distanz im Flyballparcours zwischen den beiden Bahnen reduzieren.

Übung 10: Vorausschicken ohne und mit Ablenkung

Bauen Sie mehrere Stationen zum Vorausschicken auf. Arbeiten Sie zunächst mit Ihrem Hund alleine. Wenn Ihr Hund sicher ist, bitten Sie ein zweites Mensch-Hund-Team, die Übung parallel zu Ihnen durchzuführen.

Übung 11: Gegenspringen mit großer Distanz

Bauen Sie die Hürden in zwei gegenläufigen Parcours auf. Stellen Sie dazu jeweils vier Hürden im Abstand von 3,05 m hintereinander auf. Parallel dazu, in einem Abstand von circa vier bis fünf Meter bauen Sie den zweiten Parcours auf. Die Pylone stellen Sie mit einem Abstand von circa 4,50 m an das jeweilige Ende des Parcours. An die jeweilige Start- und Ziellinie stellen Sie zwei kleine Pylonen auf.

Die beiden Hunde starten nun zunächst abwechselnd auf ihrem jeweiligen Parcours. Achten Sie darauf, dass die Hunde keine Fehler machen können. Beachten Sie dazu die Trainingstipps, die wir Ihnen in vorangegangenen Übungen gegeben haben.

Sobald beide Hunde ihren Parcours sicher bewältigen, lassen sie die beiden gegeneinander starten. Bitte achten Sie nun noch intensiver darauf, dass Ihr Hund trotz der hohen Ablenkung durch den Hund auf der Nachbarbahn in seiner Bahn bleibt. Gehen Sie bei dieser Übung behutsam vor. Ihr Hund sollte den Parcours, abwechselnd mit dem anderen Hund, sehr sicher bewältigen, bevor Sie dazu übergehen, beide Hunde parallel zu starten.

Das Gegensprungtraining

→ Damit sich der Hund daran gewöhnt, dass ihm ein anderer Hund beim Wechsel entgegenkommt, ist es wichtig, dies zu trainieren. Das Gegensprungtraining sollte ein Baustein in jeder Trainingseinheit werden.

Übung 12: Gegenspringen mit geringer Distanz

Stellen Sie in geringem Abstand (circa 0,5–1 m) nebeneinander zwei Hürden auf. Markieren Sie jeweils hinter einer Hürde im Abstand von circa 1,80 m die gedachte Start-/Ziellinie. Wichtig ist, dass die Start-/Ziellinien hinter den Hürden nicht nebeneinander, sondern gegenüber liegen. Beide Hunde sollten die Möglichkeit haben, in Laufrichtung rechts zu starten.

Tipp:

→ Ist Ihr Hund oder der Hund des anderen Mensch-Hund-Teams verunsichert, weicht er der Hürde aus, umläuft er die Hürde, kommt er nicht zu Ihnen oder versucht er gar den anderen Hund »einzufangen«, dann sollten Sie die Übung variieren: Setzen Sie Ihren Hund direkt vor die Hürde, die er überspringen soll und stellen Sie sich so hinter diese Hürde, dass Ihr Hund keine Fehler machen kann. Rufen Sie die Hunde nicht gleichzeitig, sondern zeitversetzt ab. Sie haben weiterhin die Möglichkeit, zwischen den Hürden einen niedrigen Trennzaun aufzustellen oder die Hürden weiter auseinanderzustellen. Sobald die Übung klappt, üben Sie diese noch ein- bis zweimal. Loben Sie Ihren Hund jedes Mal, wenn er korrekt zu Ihnen kommt. Sobald beide Hunde sicher über die Hürden gegenspringen, beginnen Sie damit, die Anzahl der zu überspringenden Hürden wieder zu erweitern beziehungsweise die Hürden näher zusammenzustellen. Ziel dieser Übung ist es, die Hunde in einem Hürdenabstand von nur noch 10 cm nebeneinander über die aufgestellten Hürden sicher gegenspringen zu lassen.

Setzen, stellen oder legen Sie Ihren Hund hinter die Start-/Ziellinie. Positionieren Sie sich hinter der Hürde, die Ihr Hund überspringen soll. Vielleicht hilft es Ihrem Hund, wenn Sie die Hürde vorher übersteigen. Der andere Hundeführer nimmt wie Sie seinen Platz hinter der Hürde, die sein Hund überspringen soll, ein. Sprechen Sie sich nun miteinander ab. Auf ein Zeichen (z. B. Zählen bis drei, zunicken) rufen Sie beide gleichzeitig Ihre Hunde durch die Hürde zu sich.

Übung 13: Erweiterung der Übung 12

Wenn Übung 12 gut klappt, verschieben Sie jeweils die markierte Start-/Ziellinie weiter nach hinten und bauen im Abstand von circa 3 m zur ersten Hürde die nächste Hürde auf. Markieren Sie die Start-/Ziellinie erneut im Abstand von circa 1,80 m.

Der Ablauf der Übung erfolgt wie in Übung 12 beschrieben. Beachten Sie hierbei auch die Tipps, falls etwas nicht klappt. Wenn Ihr Hund die Übung sicher durchführt, loben Sie ihn kräftig. Wiederholen Sie diese Übung mehrmals. Gehen Sie auch hier behutsam vor – weniger ist mehr!
Übung 13 verfolgt das gleiche Ziel wie Übung 12. Die Gegensprunganlage sollte dicht aufgebaut sein, die Hunde den Parcours sicher und fehlerfrei absolvieren.

Übung 14: Gegenspringen über mehrere Hürden

Nachdem Ihr Hund sicher und fehlerfrei mit dem anderen Hund gegengesprungen ist, können Sie nun die dritte und später die vierte Hürde hinzunehmen. Die Hunde sollen, trotz zunehmender Geschwindigkeit, mit der sie die Hürden überspringen, lernen, sich auf den eigenen Parcours zu konzentrieren. Hierbei ist es wichtig darauf zu achten, dass beide Hunde weder eine Hürde auslassen, noch seitlich ausweichen.

Verbesserung des Sprungrhythmus und des Sprungverhaltens, Finden der Absprungpunkte

Da die Gesundheit des Hundes immer im Vordergrund steht, ist es wichtig, dass Ihr Hund ein sicheres Sprungverhalten über der Hürde zeigt. Die Bewegungen müssen im Hinblick auf die Vermeidung von Verletzungen (Verspringen, Zerren, Stauchen etc.) automatisiert sein. Dies gilt auch, wenn Sie mit Ihrem Hund Flyball nur »Just for Fun« trainieren. Für Mensch-Hund-

Teams, die sehr oft trainieren und regelmäßig auf Turnieren starten, ist das Sprungrhythmustraining entscheidend und wichtig, da der Hund mit zunehmender Erfahrung immer schneller wird. Die Größe des Hundes spielt dabei keine Rolle.

Die Sprungkurve eines Anfängerhundes ist in der Regel nicht so flach wie die eines Fortgeschrittenen. Anfängerhunde neigen dazu, zwischen den Hürden Zwischenschritte einzubauen. Dies verlangsamt die Bewegung, der Sprungrhythmus ist nicht mehr harmonisch. Ein trainierter Hund mit einem sicheren Sprungrhythmus ist in der Lage, die Geschwindigkeit konstant zu halten, beziehungsweise auf dem Rückweg von der Box zu erhöhen. Unsicherheiten zwischen den Hürden treten so gut wie nicht auf, die Hunde haben zwischen den Hürden genau einen Bodenkontakt, Kleinhunde maximal zwei bis drei Bodenkontakte.

Übung 15: Sprungrhythmustraining

Stellen Sie die Hürden so eng zusammen, dass Ihr Hund jede Hürde mit nur einem Bodenkontakt (beziehungsweise bei Kleinhunden mit maximal zwei bis drei Bodenkontakten) zwischen zwei Hürden überspringt. Achten Sie dabei auf eine niedrige Hürdenhöhe (mittelgroße bis große Hunde: 20–25 cm, Kleinhunde: 10 cm). Steigern Sie gleichmäßig den Abstand zwischen allen Hürden in 5-cm-Schritten bis hin zu einem Abstand von 3,05 m. Mittelgroße und große Hunde, die ein gutes Sprungvermögen haben, sollten nun mit nur noch einem Bodenkontakt zwischen zwei Hürden auskommen.

Bei Kleinhunden sollte erreicht werden, dass sie mit möglichst wenigen Zwischenschritten zwischen zwei Hürden auskommen und der Sprungrhythmus gleichmäßig ist.

Der Abstand der Hürden verjüngt sich. Zeigen Sie Ihrem Hund zunächst den Parcours und schicken Sie ihn dann. Geben Sie Ihrem Hund dabei die höchstmögliche Sicherheit. Der Hund in der Bilderreihe beherrscht die Übung schon gut. Dennoch zeigt der Besitzer durch die Hürden, sodass sich der Hund daran orientieren kann.

b

c

e

f

h

i

Übung 16: Variation und Weiterführung der Übung 15

Diese Übung dient der Weiterführung der vorangegangenen Übung. Wenn Ihr Hund seinen Sprungrhythmus automatisiert hat, wird nun die Hürdenhöhe langsam auf die tatsächliche Sprunghöhe (nach Reglement) der Hunde gesteigert. Diese Steigerung sollte von Woche zu Woche, beziehungsweise von Training zu Training erfolgen, damit sich Ihr Hund nach und nach an die neue Höhe gewöhnt. Dies ermöglicht eine Kombination aus Sprungrhythmus- und Sprungkrafttraining.

Übung 17: Sprungkurventraining

Sobald Ihr Hund den Parcours mit einem sicheren und gleichmäßigen Rhythmus bewältigt und sich an die Hürdenhöhe gewöhnt hat, ist der richtige Zeitpunkt, die Sprungkurve Ihres Hundes flacher zu gestalten. Legen Sie hierfür entweder Hürdeneinschubbretter (10 cm breit) oder andere vergleichbare Bretter vor und hinter jede Hürde. Am Anfang genügt ein Brett. Je sicherer Ihr Hund ist, umso mehr Bretter können Sie vor und hinter die Hürden legen. Wir empfehlen maximal vier bis fünf Bretter. Alternativ zu den Brettern können Sie auf die Hürdenbreite zugeschnittenes Styropor legen.

Tipp:

→ Erst wenn Ihr Hund den Flyballparcours technisch sicher absolviert, sollten Sie an das Wechseltraining mit einem anderen Hund denken. Im Wettbewerb muss der Parcours von vier Hunden nacheinander durchlaufen werden. Durch das Gegensprungtraining, das Sie in Ihr Training integriert haben, kennt Ihr Hund die Situation. Achten Sie dabei zunächst auf weite Wechsel zwischen den Hunden. Die Hunde sollen lediglich das Aufeinander-Zulaufen am Parcours üben.

Sprint- und Konditionstraining

Sprint- und Konditionstraining ist bei einem Hund, der regelmäßig Flyball spielt, sehr wichtig. Gerade im Hinblick auf eine Turnierteilnahme ist ein auf Ihren Hund angepasstes Konditionstraining vor und während der Turniersaison unabdingbar. Wir empfehlen aus diesem Grund individuelle Trainingspläne für jeden Hund. Diese Trainingspläne sollten sowohl den momentanen Leistungsstand des Hundes berücksichtigen als auch die Ziele, die der Hundeführer mit seinem Hund in der kommenden Saison anstrebt.

Übung 18: Training auf der Turbine

Für das Sprinttraining bauen wir im Training die Turbine (10–14 Hürden, 20 cm hoch) auf. Diese variieren wir in der Form, dass die Hunde entweder nur die Turbine oder in Kombination mit dem Wechsel auf den Parcours mit vier Hürden in der Wettkampfhöhe laufen. Eine Steigerung zur normalen Turbine ist die Turbine auf der Sandbahn. Durch das Einsinken in den Sand muss Ihr Hund mehr Kraft aufbringen. Dieses Training ist im Bereich der Schnelligkeitskraft einzuordnen.

Bei Anfängerhunden verkürzen wir die Turbine, da auch hier das korrekte Absolvieren des Parcours im Vordergrund steht und die Hunde nicht verunsichert werden sollen.

Rückwärtsstarts-Übung 19

Übung 19: Rückwärtsstarts

Eine andere sehr gute Möglichkeit für die Schulung der Sprintfähigkeit Ihres Hundes sind Rückwärtsstarts von der Box aus gesehen über die vier Hürden im Flyballparcours. Lassen Sie Ihren Hund durch einen Helfer an der Box festhalten und rufen Sie ihn von der Start-/Ziellinie aus zu sich. Der Anreiz, möglichst schnell zu Ihnen zu kommen, erhöht sich, wenn Sie Ihren Hund im Wettbewerb gegen einen anderen Hund auf einer parallelen Bahn starten lassen. Hierfür empfiehlt es sich, einen der beiden Hunde etwas früher loszulassen.

Übung 20: Konditionsübung

Schicken Sie Ihren Hund über niedrige Hürden zur Pylone, zur Box oder zum Boxendummy. Ihr Hund umrundet die Pylone und kommt über die Hürden wieder zu Ihnen zurück. Lassen Sie Ihren Hund »einparken« und schicken Sie ihn, ohne Pause, erneut in den Parcours. Wiederholen Sie diese Übung drei- bis viermal.

Übung 21: Intervalltraining

Lassen Sie Ihren Hund die Turbine zweimal laufen. Versuchen Sie, die Intensität beim zweiten Durchgang zu erhöhen. Führen Sie nun eine Konzentrationsübung durch. Lassen Sie hierfür Ihren Hund absitzen und entfernen Sie sich rückwärts ein Stück von ihm. Gehen Sie zurück zu Ihrem Hund und loben Sie ihn. Wiederholen Sie die Turbine wie beschrieben. Führen Sie anschließend erneut eine Konzentrationsübung durch.

Zu Beginn des Trainings rufen Sie Ihren Hund an der boxnahen Hürde und laufen gemeinsam mit ihm zur Start-/Ziellinie zurück.

Legen Sie diesmal einen Ball im Abstand von circa 1 m neben sich. Rufen Sie Ihren Hund zu sich. Er soll dabei zu Ihnen und nicht zum Ball laufen. Ist Ihr Hund zu Ihnen gekommen, loben Sie ihn bitte deutlich und geben Sie anschließend den Ball frei. Ihr Hund sollte mit dem Ball kurz spielen dürfen. Wiederholen Sie die Turbine wie beschrieben und führen Sie anschließend die erste Variante der Konzentrationsübung durch.

Übung 22: Fahrtspiel

Bauen Sie mehrere Stationen (z.B. Gegenspringen, kurze Turbine, lange Turbine, Konzentrationsübungen, Slalom etc.) für Ihren Hund auf, die unterschiedliche Bereiche ansprechen. Absolvieren Sie diesen Stationsbetrieb dreimal mit Ihrem Hund.

Weiterführendes Training mit dem Boxendummy und Training an der Box

Nachdem Ihr Hund sicher über vier Hürden läuft, am Ende eine Pylone oder einen Stab umrundet, in die erste Hürde einfädelt und über die restlichen Hürden zu Ihnen zurückkommt, setzen Sie erneut einen Boxendummy oder nun auch eine Box ein. Mit Hilfe geeigneter Sprunghilfen können Sie mit Ihrem Hund die Schwimmerwende weiter üben und festigen. Verankern Sie für alle Übungen den Boxendummy beziehungsweise die Box im Boden. Bauen Sie anschließend zwei Hürden auf (Abstand der ersten Hürde zum Boxendummy: 4,5 m, weitere Hürde im Abstand zu 3,05 m, Start-/Ziellinie im Abstand von circa 1,80 m zur Hürde). Stellen Sie eine Pylone mit geringem Abstand mittig vor den Boxendummy beziehungsweise die Box. Alternativ können Sie auch hier einen Stab verwenden.
Da wir im Training sowohl Boxendummies als auch Boxen benutzen, die Boxen aber immer ohne Ball einsetzen, verwenden wir im Folgenden der Einfachheit halber den Begriff Boxendummy synonym auch für die Box ohne Ball.

Übung 23: Festigen des Einspringens in den Boxendummy/in die Box

Setzen oder stellen Sie Ihren Hund zunächst vor die erste Hürde und gehen Sie zum Boxendummy. Rufen Sie Ihren Hund durch die Hürde zu sich und lassen Sie ihn den Stab oder eine Pylone umrunden. Helfen Sie ihm dabei, sicher in die Hürde einzufädeln und begleiten Sie ihn zurück zur Start-/Ziellinie. Ihr Hund soll den Parcours sicher durchlaufen. Wiederholen Sie diese Übung. Je näher Sie den Stab bzw. die Pylone heranrücken, umso höher ist der Sprung Ihres Hundes in den Boxendummy.

Übung 24: Vorausschicken auf den Boxendummy und einfädeln in die erste Hürde

Sobald Ihr Hund den Sprung und die Wende auf dem Boxendummy sicher beherrscht, entfernen Sie sich langsam hinter die erste Hürde. Rufen Sie Ihren Hund von der Start-/Ziellinie ab und schicken ihn immer mehr voraus zur Wende auf den Boxendummy. Ihr Hund soll nun die Wende selbstständig durchführen und in die erste Hürde einfädeln.

Das Vorausschicken über Hürde(n) und Wende auf der Box mit den Wendehilfen Stab oder Pylone. Das dritte Foto zeigt ein Warm up auf einem Turnier, bei dem als Wendehilfe ein Bündel aus Schaumstoffstangen verwendet wird.

Übung 25: Weitere Hürden einbauen

Entfernen Sie sich nun weiter nach hinten zur Start-/Ziellinie und schicken Sie Ihren Hund über beide Hürden voraus zum Boxendummy. Ihr Hund soll selbstständig die Wende ausführen, in die erste Hürde einfädeln und über die zweite Hürde zu Ihnen zurückkommen. Wenn Ihr Hund diesen Parcours sicher beherrscht, bauen Sie nach und nach die dritte und vierte Hürde ein.

Tipp:

→ Sollte Ihr Hund im Parcours abdrehen und zu Ihnen zurückkommen, bevor er die Wende auf dem Boxendummy korrekt durchgeführt hat, gehen Sie in den Übungsschritten wieder zurück und bauen die Übung von vorne auf (vergleiche Übungen 23 und 24).

Übung 26: Einsatz einer Sprunghilfe

Wenn Ihr Hund den Parcours mit dem Boxendummy sicher bewältigt, setzen Sie bitte eine Sprunghilfe ein. Diese soll Ihrem Hund den Sprung auf den Boxendummy und das Einleiten der Schwimmerwende erleichtern. Beginnen Sie zunächst mit einem geringen Abstand von circa 10 cm zur Pylone. Sobald Ihr Hund routinierter wird, erhöhen Sie diesen Abstand entsprechend des Sprungvermögens Ihres Hundes. Beachten Sie dabei, dass Sie die Sprunghilfe schräg zum Boxendummy positionieren. Das bedeutet konkret, dass die Seite, an der Ihr Hund in den Boxendummy einspringt weiter weg steht als die Seite, an der Ihr Hund vom Boxendummy weg zur ersten Hürde springt.

Training zur eingesprungenen Wende unter Einsatz von Wende- und Übersprungshilfen sowie das Vorausschicken über mehrere Hürden.

Training am Boxendummy. Das Trainingsziel ist der verbesserte Ablauf der eingesprungenen Schwimmerwende, erneut mit Einsatz von Wende- und Übersprungshilfe. Die seitlichen Hilfszäune sollen dem Hund zu einem engeren Sprung verhelfen.

Vorausschicken eines im Training fortgeschrittenen Hundes auf die Box unter dem Einsatz der Hilfen Hürde und Pylone bzw. Stab zur Festigung einer engen Schwimmerwende.

Üben der Schwimmerwende auf dem Boxendummy mit Wendehilfe und Begrenzungszäunchen zur Verbesserung der sauberen Ausführung der Wende.

Übung 27: Weitere Hilfen für die Schwimmerwende

Damit Ihr Hund eine enge Wende durchführen kann, sollten Sie seitliche Begrenzungen an der Sprunghilfe einsetzen. Als Unterstützung dient zusätzlich ein Stab oder eine Pylone vor dem Boxendummy. Je sicherer Ihr Hund den Sprung auf den Boxendummy beherrscht, je runder also die Wende erfolgt, umso mehr können Sie den Abstand zwischen den seitlichen Begrenzungen reduzieren. Sie können dann auch nur eine seitliche Begrenzung verwenden, die Sie dichter an den Boxendummy heranrücken. Sobald Ihr Hund die Drehbewegung auf dem Boxendummy routinierter durchführt, wird der Stab oder die Pylone vor dem Boxendummy nicht mehr benötigt.

Tipp:

→ Für das Techniktraining an der Box kann die Übung 28 ebenfalls dienen. Dabei werden hinter die Pylonen beziehungsweise hinter den Stäben Boxen beziehungsweise Boxendummies gestellt und verankert. In diese Übung können selbstverständlich auch die Übersprunghilfen eingebaut werden.

a

b

c

Wechselseitiges Vorausschicken um zwei Pylonen (Übung 28). Das ist ebenfalls eine sehr schöne Übung für das Warm up der Hunde.

Übung 28: Zwei-Pylonen- bzw. Zwei-Stab-Training

Stellen Sie zwei Pylonen oder zwei Stäbe im Abstand von circa 4–5 m auf. Ihr Hund soll die Pylonen nacheinander umrunden. Stellen Sie sich dafür in die Mitte zwischen die beiden Pylonen und schicken Sie Ihren linksdrehenden Hund zur linken (den rechtsdrehenden Hund zur rechten), ersten Pylone. Drehen Sie sich in Drehrichtung des Hundes mit, sodass Sie den von der ersten Pylone zurückkommenden Hund um die zweite Pylone, ebenfalls entsprechend seiner Drehrichtung, schicken können.

a

b

c

Übung 29: Weiterführung

Vergrößern Sie den Abstand der Pylonen aus Übung 28 auf circa 9 m. Stellen Sie eine Hürde in der Mitte zwischen den Pylonen auf. Schicken Sie Ihren Hund zur ersten Pylone. Drehen Sie sich in Drehrichtung des Hundes um die Hürde mit, sodass Sie Ihren Hund über die Hürde zurückrufen und zur zweiten Pylone schicken können.

Übung 30: Steigerung

Vergrößern Sie den Abstand der Pylonen aus Übung 29 auf circa 12 m und stellen Sie zwei Hürden in der Mitte zwischen den Pylonen mit einem Abstand zu den Pylonen von ca. 4,50 m auf (Abstand zwischen den Hürden circa 3 m). Der Übungsablauf erfolgt wie oben beschrieben, nur dass Sie Ihre Position zwischen den Hürden verändern.

Tipp:

→ Diese Übung eignet sich auch für das Konditionstraining, dann mit bis zu sechs oder gar acht Hürden hintereinander.

Wechselseitiges Vorausschicken auf zwei Boxendummies mit dem Stab als Wendehilfe und einer Hürde in der Mitte. Hunde, die die Übung verstanden haben, nehmen mit großem Spaß die Steigerungen wie in den Übungen 29 und 30 beschrieben.

Balleinsatz

In allen Übungen steht für uns der Balleinsatz an hinterer Stelle. Nehmen Sie gerade bei einem sehr ballverrückten Hund den Ball erst dann dazu, wenn er die entsprechende Übung ohne Ball sicher beherrscht. Bevor Ihr Hund den Ball aus der Box fängt, bitten Sie eine Hilfsperson hinter der Box, ihm den Ball vom Loch aus nach unten zu rollen, sodass Ihr Hund den Ball während der Wende nur aufnehmen und noch nicht fangen muss.

Tipp:

→ Das Fangen des Balles trainieren Sie mehrmals täglich, indem Sie ihm den Ball von der Seite her zuwerfen. Der rechtsdrehende Hund erhält den Ball von links, der linksdrehende von rechts. Wenn Ihr Hund den Ball sicher fängt und das Aufnehmen des rollenden Balles an der Box gefestigt ist, spannen Sie den Ball in die Box und lassen ihn den Mechanismus der Box auslösen.

Flyballtraining unter Ablenkung

Ihr Hund soll den Flyballparcours immer fehlerfrei laufen können. Gerade im Wettbewerb ist die Ablenkung sehr groß. Beispielsweise könnte ein Hund aus Ihrem Team einen Ball verlieren oder ein Hund des gegnerischen Teams am Zaun neben den Hürden entlang laufen. Vielleicht lenkt aber Ihren Hund auch nur die ganz normale Wettkampfsituation mit gegnerischem Team, Richtern und Zuschauern ab.

Übung 31: Ablenkung durch Bälle

Legen Sie einen oder mehrere Bälle im Parcours aus. Ziel der Übung ist es, dass sich Ihr Hund nur um seinen Ball kümmert, den Parcours fehlerfrei läuft und die anderen Bälle ignoriert. Er soll bei hohem Tempo seinen Ball zurückbringen. Beginnen Sie mit nur einem Ball, den Sie kaum sichtbar neben eine Hürde legen, und erhöhen Sie die Anzahl der Bälle, die Sie nach und nach in das Sichtfeld Ihres Hundes rücken.

Übung 32: Ablenkung durch ein zweites Team

Stellen Sie im Training mit mehreren Hunden die Wettkampfsituation nach. Teilen Sie hierfür die Gruppe auf und lassen Sie die Hunde auf zwei parallelen Bahnen wie folgt gegeneinander laufen:

1. Wechselweises Laufen (Hund Bahn 1, Hund Bahn 2, Hund Bahn 1 usw.).
2. Gleichzeitiges Laufen (Hund Bahn 1 gegen Hund Bahn 2). Achten Sie immer darauf, dass die Hunde trotz der Ablenkung auf der Nachbarbahn den Parcours fehlerfrei durchlaufen. Sobald die Hunde dies sicher beherrschen, nehmen Sie Bälle mit hinzu, wie in Übung 31 beschrieben.

Das Training mit einer anderen Mannschaft unter Turnierbedingungen hilft Mensch und Hund, sich an die Turnieratmosphäre zu gewöhnen.

11 Flyball als Turnier- und Leistungssport

Nachdem Ihr Hund die Fähigkeit erworben hat, Flyball gesundheits- und regelgerecht zu laufen, stellen Sie sich vielleicht die Frage, wie es weitergehen könnte. Dabei gibt es mindestens zwei Möglichkeiten: Zum einen können Sie den Flyballsport in einer sogenannten Fun-Gruppe weiterspielen, deren Mitglieder zwar Flyball in der Gruppe trainieren, jedoch nicht oder nur sehr selten an Turnieren teilnehmen. Zum anderen suchen Sie sich eine Mannschaft, mit der Sie leistungsorientiert weiter trainieren und Turniere besuchen.

Egal, ob Sie den Sport in einem Verein oder in einer Hundeschule betreiben, ist es wichtig, die Trainings- und Turnierplanung der Konstitution der Hunde anzupassen. Mit dem leistungsorientierten Training rückt zwar der Leistungsgedanke und damit der menschliche Ehrgeiz in den Vordergrund, wir haben aber immer noch eine Verantwortung unseren Hunden gegenüber. Die Hunde brauchen zwischen den Turnieren vollständige und damit lohnende Pausen. Nur so können sie langfristig ihre Leistungen abrufen und verbrennen nicht.

Ein Mensch würde auch nicht an jedem Wochenende einen Saisonhöhepunkt setzen. Hunde dagegen geben immer 100 Prozent – es ist nicht möglich Ihnen zu vermitteln, dass ein bestimmter Wettkampf nur der Vorbereitung dient und sie es deshalb etwas ruhiger angehen können als bei einem Saisonhöhepunkt.

Loben Sie Ihren Hund bitte weiterhin für jedes gewünschte Verhalten. Gerade auch in der Turniersituation ist es wichtig, die Signale des Hundes, also die Sprache des Hundes, richtig zu deuten. Dabei spielt das frühzeitige Erkennen von Stresssignalen, wie wir bereits in Kapitel 3 beschrieben haben, eine bedeutende Rolle. Wird zu schnell zu viel vom Hund gefordert besteht die Gefahr, dass der Hund den Spaß am Flyballsport verliert. Viel schlimmer ist aber, dass der Hund gegebenenfalls gesundheitliche Beeinträchtigungen erleidet, die ihm das langfristige Flyballspiel sogar verbieten.

Zu Beginn des leistungsorientierten Trainings sollte unserer Meinung nach ein Training in Richtung Turnierfähigkeit erfolgen. Der Hund sollte an die neue Belastung und den Stress, den eine Turniersituation mit sich bringt, herangeführt werden. Ein Hund, der den Parcours im Training fehlerfrei durchläuft, neigt mitunter in der Turniersituation dazu, Fehler zu machen.

In der Turniersituation kommt es immer mal dazu, dass ein Hund ein Hindernis berührt und dieses umwirft. Ein geübter Hund überspringt auch ein umgefallenes Hindernis. Die Voraussetzung dafür ist immer, dass das Hindernis keine Gefahr für den Hund darstellt. In diesem Fall würde der Lauf vom Hauptschiedsrichter abgepfiffen.

Wechseltraining

Bisher haben Sie mit Ihrem Hund fast ausschließlich einzeln beziehungsweise mit weiten Wechseln trainiert, da das fehlerfreie Absolvieren des Parcours im Vordergrund stand. Im Turniersport kommt es nun darauf an, dass Ihr Hund enge Wechsel toleriert. Letztendlich geht es um die Optimierung der Zeit.

Für Ihren Hund ist es unangenehm, frontal auf einen anderen Hund zu laufen. Wenn Sie Ihren Hund aufmerksam beobachten werden Sie feststellen, dass er selbst auf Sie nicht frontal zuläuft oder zumindest den Blick abwendet, wenn Sie ihn zu sich rufen. Das ist erklärbar durch das Wesen des Hundes: Das frontale Aufeinandertreffen ist konfliktbehaftet, der Hund setzt aber durch sein Verhalten immer auf Konfliktvermeidung. Turid Rugaas beschreibt das in Ihrem Buch ›Calming Signals‹ wie folgt: »Wenn Hunde sich treffen, vermeiden sie sorgfältig einen frontalen Kontakt. Gezeigt werden Beschwichtigungssignale wie Kopf oder Hals des anderen beschnüffeln, einen Bogen schlagen, Geruchskontrolle und den Blick abwenden, um Konflikte möglichst erst gar nicht aufkommen zu lassen.« (Turid Rugaas: Calming Signals, S. 13)

Ihr Hund muss demnach lernen, dass das frontale Aufeinandertreffen auf einen anderen Hund beim Wechsel zum Spiel gehört, er einen entgegenkommenden Hund toleriert und ihm nicht ausweicht.

Dies erreichen Sie durch ein konsequentes Gegensprungtraining, wie wir es in den Übungen 11–14 beschrieben haben. Erst wenn Ihr Hund im Gegensprungtraining den Parcours fehlerfrei durchläuft, beginnen Sie mit dem Wechseltraining. Für das Wechseltraining ist es von Vorteil herauszufinden, mit welchen Hunden Ihr Hund besonders gut zurechtkommt. Die Wahrscheinlichkeit, dass Ihr Hund diese Hunde bei engen Wechseln gut toleriert, ist sehr hoch.

Beginnen Sie beim Wechseltraining zunächst mit größeren Abständen. Das Wechseltraining ist am Erfolg versprechendsten, wenn nur zwei Hunde trainieren. Beide Hunde werden behutsam aneinander gewöhnt. Klappt der Wechsel, verringern Sie den Abstand zwischen den beiden Hunden. Aber Vorsicht: Gehen Sie bitte vor allem hier nur in kleinen Schritten heran. Wenn sich zwei Hunde ausweichen, war der Abstand vermutlich zu gering. Brechen Sie in diesem Fall die Übung ab und versuchen Sie es zu einem späteren Zeitpunkt mit einem größeren Abstand erneut.

Gewöhnen an die Turniersituation

Damit sich Ihr Hund an die Turniersituation gewöhnt, empfehlen wir Ihnen zunächst den Besuch mindestens eines Turniers, bevor Sie selbst teilnehmen. Auf einem Turnier wird Ihr Hund mit vielen Eindrücken konfrontiert: Fremde Hunde und Menschen und damit viele fremde Gerüche, die Lautstärke während der Rennen, das Aufgeregtsein von Hunden und Menschen vor und nach den Wettbewerben – diese neuen Eindrücke, die für den Hund eine regelrechte Reizüberflutung darstellen, muss er erst einmal verarbeiten.

→ Beobachten Sie Ihren Hund in der neuen Situation. Zeigt er schon jetzt ein hohes Stresslevel, ist er noch nicht bereit, den zusätzlichen Anforderungen durch die Wettbewerbe standzuhalten.

Das erste Turnier

Für Ihre erste Turnierteilnahme empfehlen wir Ihnen ein Anfängerturnier. Wenn Sie mit Ihrem Hund dort starten, erwarten Sie bitte nicht zu viel von ihm. Bei der ersten Teilnahme geht es vor allem darum, die neue Situation kennenzulernen und Erfahrungen zu sammeln. Sicher werden Sie selbst auch aufgeregt sein, was sich auf Ihren Hund überträgt. Achten Sie auf Sicherheit für Ihren Hund und gewährleisten Sie, dass Ihr Hund wenige Möglichkeiten hat, Fehler zu machen. Denken Sie daran Ihren Hund auch dann zu loben, wenn er ohne Ball oder sehr langsam zu Ihnen zurückkommt, eben auch dann, wenn Sie mit Ihrer Mannschaft einen Lauf verloren haben. Ihr Hund versucht die Leistung abzurufen, zu der er in der momentanen Situation im Stande ist. Gönnen Sie ihm vor und nach dem Turnier, vor allem aber zwischen den Läufen, genügend Erholungspausen. Gute Erfahrungen haben wir damit gemacht, den Hund während des Turniers in eine Box zu legen. Gewöhnen Sie hierzu Ihren Hund frühzeitig und spielerisch an die Box. Bauen Sie sie zu Hause auf und legen Sie ihm Leckerchen oder sein Lieblingsspielzeug hinein. Loben Sie Ihren Hund, wenn er die Leckerchen beziehungsweise das Spielzeug in der Box nimmt. Sie können Ihren Hund auch in der Box füttern. Wichtig ist, dass Ihr Hund nur Positives mit der Box verknüpft.

Tipp:

→ Bevor Sie mit Ihrem Hund auf einem Turnier starten, sollten Sie sich mit dem Regelwerk auseinander gesetzt haben.

Das Training erfahrener Turnierhunde

Besonders wichtig ist die Periodisierung des Trainings für Turnierhunde. Das allgemeine Konditionstraining, insbesondere das Training der Grundlagenausdauer, muss individuell auf den Hund abgestimmt sein und auch außerhalb der Trainingsstunden auf dem Platz durchgeführt werden. Unterschiedliche Rassen bringen unterschiedliche Voraussetzungen mit. Wir haben gute Erfahrungen mit individuellen Trainingsplänen für die Hunde unter Einbeziehung einer Fitnesstrainerin gemacht. Das Gleiche gilt für das Schnelligkeitstraining. Sprechen Sie mit Ihrem Trainer bzw. Ihrer Trainerin über individuelle Trainingspläne. Hierfür werden auch entsprechende Fortbildungen angeboten.

Das Training außerhalb der Turniersaison (Wintertraining)

Während der Turniersaison sollte das Training ausgleichend und weiterführend wirken. Taktische und technische Unzulänglichkeiten sollten analysiert und sowohl im Mannschafts- als auch im Individualtraining abgestellt werden.

Außerhalb der Turniersaison steht das Techniktraining an der Box und die Optimierung des Sprungrhythmus im Vordergrund. Am Ende der Turniersaison sollte zunächst der Stressabbau das Hauptziel sein. In der Regel nehmen die Mannschaften mindestens einmal, meist zwei- bis dreimal, pro Monat an einem Turnier teil. Das Stressniveau der Hunde verhält sich wellenförmig, kommt aber nur selten auf den Ausgangspunkt zurück.

> Flyball ist in jeder Hinsicht ein anspruchsvoller und damit anstrengender Sport für Hunde. Um dies zu berücksichtigen empfehlen wir zwischen zwei Turnieren eine lohnende Pause von circa zwei, besser noch drei Wochen.

Nach einem umfassenden Ausgleichstraining folgt das Techniktraining an verschiedenen Stationen mit dem konsequenten Einsatz von Übersprunghilfen und Zäunen. Ungefähr zwei Monate vor Beginn der neuen Turniersaison wird das Training gesteigert. Hierbei nimmt das Schnelligkeitstraining sowie das Training im Flyballparcours, vor allem unter technisch-taktischen Aspekten, wieder einen höheren Stellenwert ein.

Auf Turnieren geht es auch einmal heiß her.

12
Zu guter Letzt

Bevor Nick auf einem Turnier startet, sollte er sich schon einmal an die Turnieratmosphäre gewöhnen. Zu diesem Zeitpunkt waren Frauchen und Hund schon flyballinfiziert. Es galt nur noch, das Herrchen zu überzeugen. Angekommen auf einem Turnier in Hagen, war das Herrchen alles andere als begeistert. Langweilig und laut, verrückte Hundebesitzer – so sein Kommentar. Im Halbfinale der ersten Division wurde er aber plötzlich aufmerksam. Es wurde spannend und er wollte das Finale miterleben. Auf die Frage des Trainers, ob er es sich vorstellen könne, das einmal selbst mit einem Hund zu betreiben, schüttelte er den Kopf. Niemals könne er sich das vorstellen ...

Dann kam Fino, ein Halbbruder von Nick, und alles wurde anders. Fino war 1,5 Jahre alt, seine Hüfte und die Gesamtkonstitution für sehr gut befunden, als der Trainer einen Flyball-Schnupperkurs anbot. Es war klar, dass das Frauchen Flyball auch mit Fino spielen sollte, das Herrchen wollte aber mitkommen. Schon in der ersten Kursstunde bekam er aber Lust, selbst mit Fino Flyball zu spielen. Er kam fortan aus dem Training zurück und erzählte, wie toll Fino die Übungen hinbekommen habe. Nach einigen Kursstunden hegte er sogar Zukunftspläne: Er wolle unbedingt den Fortgeschrittenenkurs besuchen. Nach einigen Stunden im Fortgeschrittenenkurs war klar, dass eine Mannschaft gefunden werden musste. Er war infiziert. Flyball machte ihm auf einmal sehr viel Spaß, Fino lief schon jetzt fast immer sicher. Durch die Umstrukturierung einer Mannschaft ergab es sich, dass eine neue Mannschaft gegründet wurde, in die Nick wechselte. Fino trainierte schon ab und zu mit und wurde, nach Ende des Fortgeschrittenenkurses, zu einem festen Bestandteil der Gruppe. Die neue Mannschaft nahm sich vor, 2009 auf einem Turnier zu starten, da keiner der Hunde große Turniererfahrung hatte. Im März 2009 startete das Herrchen mit seinem Hund und der neuen Mannschaft, nach nur fünf Monaten Training, auf dem ersten von insgesamt sechs Turnieren.

Interessanterweise ist dieses Herrchen kein Einzelfall. Wir könnten noch viele Anekdoten erzählen, in denen Menschen es weit von sich gewiesen haben, jemals Flyball zu betreiben und die heute absolut flyballverrückt sind. Hier passt das Zitat von Wilfried Jost, dem IT-Spezialisten in Sachen Flyball: »Wenn mir jemand gesagt hätte, dass ich einmal meine Urlaubsplanung nach den Flyballturnieren ausrichte, hätte ich ihn für verrückt erklärt.«

In diesem Sinne wünschen wir Ihnen viel Freude mit Ihrem Hund und dem Flyballtraining.

Danksagung

Wir bedanken uns bei allen, die unser Buchprojekt unterstützt und an uns geglaubt haben. Unser besonderer Dank gilt Joachim für die Geduld beim Fotoshooting, Claudia für das Korrekturlesen, Wilfried für das Aktuellhalten aller Flyballdaten, Tom und Karin für das zusätzliche Bildmaterial sowie allen Gießener Flyballern, die sich und ihre Hunde für unser Buch zur Verfügung gestellt haben.

Literaturverzeichnis und Quellen

Adlington, E.H.W., Stockmann, F.:
Vom Körperbau des Hundes
5. Auflage. Kynos Verlag, Mürlenbach/Eifel.

Ahlers, T.: **Flyball**
Kynos Verlag, Mürlenbach/Eifel 2003.

Bruns, S., Lausberg, F.:
Sport mit dem Hund
Cadmos Verlag, Brunsbek 2006.

Friedrich, W.:
Optimales Sportwissen
2. Auflage. Spitta Verlag, Balingen 2007.

Gansloßer, U., Kitchenham, K:
Forschung trifft Hund
Kosmos-Verlag, Stuttgart 2012.

Hasse-Schwenkler, K.:
Physiotherapie für Hunde
Kynos Verlag, Mürlenbach/Eifel 2003.

Hohmann, A., Lames, M., Letzelter, M.:
Einführung in die Trainingswissenschaft
Limpert Verlag, Wiebelsheim 2007

Hohmann, M. (Hrsg.):
Physiotherapie in der Kleintierpraxis
Sonntag Verlag, Stuttgart 2008.

Jud, U.: **Flyball**
Cadmos Verlag, Brunsbek 2004.

Martin, D., Carl, K., Lehnertz, K.:
Handbuch Trainingslehre
2. Auflage. Verlag Hofmann, Schorndorf 1993.

Rugaas, T.: **Calming Signals**
Animal Learn Verlag, Bernau 2001.

Schnabel, G., Harre, H.-D., Krug, J. (Hrsg):
Trainingslehre - Trainingswissenschaft
Meyer & Meyer Verlag, Aachen 2008.

Tellington-Jones, L.:
TTouch für Hunde für unterwegs
Kosmospocket. Kosmos Verlag, Stuttgart 2004.

Weineck, J.:
Optimales Training
Spitta Verlag, Balingen 2010.

Zink, M. Chr., Prof. med. vet.:
Fitnesstraining für Hunde
Müller Rüschlikon Verlag, Cham 2005.

Flyball-Reglement, Deutscher Hundesportverband, aktuelle Auflage mit Ergänzungen.

lexikon.meyers.de/meyers/Stress, letzter Zugriff 01/2010.

Interessante Links

www.hundefitness.de
Fitness & Wellness, Therapie und Seminare u. a. zu Stress beim Sporthund, Trainingsgestaltung, Leistungssteuerung und Richterwesen

www.hundeschule-gießen.de/gunter
Flyballtraining, Richterwesen, Spiel, Spaß und mehr

www.flyball-hessen.de
Flyballseite mit Turnier-Datenbank und Forum – nicht nur für Hessen

www.flyball-mit-tom.de
Flyballseite von Tom Stroick – Training, Boxen, Hürden, allgemeines Regelwerk und mehr

www.flyball-richter.de
Flyballseite mit Fragenkatalog zum Selbststudium als Vorbereitung zu den Richterseminaren

www.flyball.de
Flyballseite von Günter Frechen – Turniere, Training, VDH-Regelwerk, Richterwesen und mehr

www.sshv-tirol.com/index.php/wie-beginnt-man.html
Josi Koller veranschaulicht mithilfe kleiner Videosequenzen den Trainingsaufbau für Anfänger

www.flyball.org
North American Flyball Association

www.youtube.com/watch?v=X64NCooQdPI
What is flyball?

Autorenporträts

Gunter Mattes, 1960 geboren, ist Besitzer der Hundeschule Gießen »Bellness Place«. Vor 1998 war er zudem mehrere Jahre in der Jagdhundeausbildung tätig. Im Jahr 1999 begann er in seinem damaligen Hundeverein mit dem Flyballtraining. Seit 2001 bildet er Hunde aller Rassen und Größen und deren Menschen in seiner Hundeschule u.a. im Flyball aus. Dabei entwickelte er das Training und die Sportart kontinuierlich weiter. Aktuell trainiert er bis zu zehn Flyballtrainingsgruppen und sechs Flyballteams auf seinem Platz. Gunter Mattes hält zusätzlich Richter- und Flyballseminare für Hundehalter, Trainer und Richter. Er trägt einen großen Anteil dazu bei, dass sich der Flyballsport in Deutschland etabliert und weiter entwickelt hat.

Andrea Schmidt, 1971 geboren und 1996 auf den Hund gekommen, blickt auf umfangreiche Erfahrung mit dem Hund, teilweise als Trainerin in einem Hundeverein und in der Hundeschule, sowie in der Arbeit mit Menschen zurück. Nach Abschluss ihres Studiums an der Universität Gießen entwickelte die Sportlehrerin ein Konzept für gesundheitsorientiertes Fitnesstraining. Die dort gewonnenen Erkenntnisse übertrug sie 2004 auf den Hund und erweiterte Ihre Kenntnisse in Aus- und Weiterbildungen u.a. bei Petra Stein, in der Penzel Akademie in Heyen und im Dorn Therapie Zentrum in Köln. Sie ist Mitglied im Internationalen Therapeutenverband APM nach Penzel und energetische Medizin e.V.

Beide Autoren sind begeisterte Hundebesitzer. Durch das gemeinsame Engagement im Training aber auch im Richterwesen möchten sie andere Hundebesitzer und -Trainer für die Sportart begeistern. Im Vordergrund steht für sie dabei das hunde- und gesundheitsgerechte Training mit viel Spaß sowie eine entspannte Wettkampfatmosphäre für Hund und Mensch.

Unsere Erfolgsreihen auf einen Blick

Die Reitschule *(Auswahl)*

Heinrich Bergmann-Scholvien, **Arbeit an der Doppellonge**, ISBN 978-3-275-01805-5
Urte Biallas, **Bodenarbeitskurs**, ISBN 978-3-275-01830-7
Monika Hannawacker, **Zirkuslektionen**, ISBN 978-3-275-01831-4
Marlit Hoffmann, **Reiterrallyes – Reiterspiele**, ISBN 978-3-275-01850-5
Ute Holm/Carola Steen, **Westernreiten für Einsteiger**, ISBN 978-3-275-01858-1
Hannelore Leiser, **Voltigieren für Einsteiger**, ISBN 978-3-275-01856-7
Jutta Plötz, **Islandpferde – halten, pflegen, reiten**, ISBN 978-3-275-01829-1
Angelika Schmelzer, **Pferde erziehen**, ISBN 978-3-275-01709-6
Britta Schön, **Mein erster Turnierstart**, ISBN 978-3-275-01777-5
Viviane Theby, **So lernen Pferde**, ISBN 978-3-275-01804-8
Sigrid Weppelmann/Sandra Mensmann, **Longieren**, ISBN 978-3-275-01727-0
Sigrid Weppelmann, **Basispass Pferdekunde**, ISBN 978-3-275-01750-8
Inga Wolframm, **Angstfrei reiten**, ISBN 978-3-275-01729-4

Die Hundeschule *(Auswahl)*

Annegret Bangert, **Begleithundprüfung**, ISBN 978-3-275-01779-9
Ann-Sophie Griebel, **Clicker-Training**, ISBN 978-3-275-01714-0
Micaela Köppel, **Spiel und Spaß für jeden Tag**, ISBN 978-3-275-01732-4
Petra Krivy/Angelika Lanzerath, **Darf der das?**, ISBN 978-3-275-01835-2
Petra Krivy/Angelika Lanzerath, **Einer geht noch ...**, ISBN 978-3-275-01863-5
Petra Krivy/Angelika Lanzerath, **Was ein Welpe lernen muss**, ISBN 978-3-275-01689-1
Petra Krivy/Angelika Lanzerath, **Hunde verstehen**, ISBN 978-3-275-01756-0
Petra Krivy/Angelika Lanzerath, **Gut erzogen von Anfang an**, ISBN 978-3-275-01731-7
Petra Krivy/Angelika Lanzerath, **Mein Hund im Flegelalter**, ISBN 978-3-275-01810-9
Uta Reichenbach/Tanja Sinner, **Agility**, ISBN 978-3-275-01660-0
Monika Schaal/Ursula Breuer, **Gastfreundlich**, ISBN 978-3-275-01862-8
Monika Schaal/Ursula Breuer, **Komm zu mir!**, ISBN 978-3-275-01623-5
Monika Schaal/Ursula Daugschieß-Thumm, **Lockere Leine**, ISBN 978-3-275-01621-1
Julia Schuster/Jochen Schleicher, **Dog Frisbee**, ISBN 978-3-275-01755-3
Beate Schwarz, **Dummy-Training**, ISBN 978-3-275-01690-7
Manuela van Schewick, **Apportieren mit Spaß**, ISBN 978-3-275-01754-6

happy cats *(Auswahl)*

Sylvia Born, **Katzenkinderstube**, ISBN 978-3-275-01864-2
Nina Ernst, **Zufriedene Stubentiger**, ISBN 978-3-275-01760-7
Gabriele Müller, **Miau – Katzensprache richtig deuten**, ISBN 978-3-275-01782-9
Gabriele Müller, **Katzenspiele**, ISBN 978-3-275-01811-6
Annette Thomée, **Gesunde Katze**, ISBN 978-3-275-01839-0

Jedes Buch mit 96 Seiten,
ca. 80 Abb., broschiert,
je € 9,95/sFr 18,90/€(A) 10,30